新型职业农民培育 通用教材

现代农业

吴大付　王锐　李勇超　主编

U0306879

中国农业科学技术出版社

图书在版编目（CIP）数据

现代农业／吴大付，王锐，李勇超主编．—北京：中国农业科学技术出版社，2014.9（2022.6 重印）

（新型职业农民培育通用教材）

ISBN 978－7－5116－1797－2

Ⅰ．①现…　Ⅱ．①吴…②王…③李…　Ⅲ．①现代农业－教材　Ⅳ．①F303.3

中国版本图书馆 CIP 数据核字（2014）第 201481 号

责任编辑　徐　毅
责任校对　贾晓红

出 版 者　中国农业科学技术出版社
北京市中关村南大街 12 号　邮编：100081
电　　话　（010）82106631（编辑室）　（010）82109702（发行部）
（010）82109709（读者服务部）
传　　真　（010）82106636
网　　址　http://www.castp.cn
经 销 者　各地新华书店
印 刷 者　北京建宏印刷有限公司
开　　本　850mm ×1168mm　1/32
印　　张　6.75
字　　数　170 千字
版　　次　2014 年 9 月第 1 版　2022 年 6 月第 6 次印刷
定　　价　22.00 元

版权所有・翻印必究

新型职业农民培育通用教材

《现代农业》

编 委 会

主　任　王　锐

副主任　吴大付　石晓华　陈军民　李勇超

主　编　吴大付　王　锐　李勇超

副主编　吕荣亮　刘　智　徐玉红

编　者　曹增飞　张丽丽　刘　超

序

我国正处在传统农业向现代农业转化的关键时期，大量先进的农业科学技术、农业设施装备、现代化经营理念越来越多地被引入到农业生产的各个领域，迫切需要高素质的职业农民。为了提高农民的科学文化素质，培养一批“懂技术、会种地、能经营”的真正的新型职业农民，为农业发展提供技术支撑，我们组织专家编写了这套《新型职业农民培训系列教材》丛书。

本套丛书的作者是从事农业教育的专家和活跃在农业生产一线的技术骨干，他们围绕大力培育新型职业农民，把多年的实践经验总结提炼出来，以满足农民朋友生产中的需求。图书重点介绍了各个产业的成熟技术、有推广前景的新技术及新型职业农民必备的基础知识。书中语言通俗易懂，技术深入浅出，实用性强，适合广大农民朋友、基层农技人员学习参考。

《新型职业农民培训系列教材》的出版发行，为农业图书家族增添了新成员，为农民朋友带来了丰富的精神食粮，我们也期待这套丛书中的先进实用技术得到最大范围的推广和应用，为新型职业农民的素质提升起到积极地促进作用。

王　锐

2014 年 9 月

内容提要

本书主要就农业起源与发展、现代农业的内涵及其特征、存在问题和发展趋势、主要类型作了简单介绍，然后对生态农业、无公害农业、有机农业、旅游农业和循环农业的概念、特征、模式、发展趋势和意义等方面作了比较详细的阐述。结合我国目前社会主义新农村和新型社区建设，因地制宜地发展不同生态农业、有机农业、循环农业和旅游农业等，需要农民职业化，不但能解决农村劳动力就地转移，解决“三农”问题，还能让农民进社区住得下、生活好、环境美，统筹城乡一体化发展探索新途径。

本书作为培训新型农民的教材，让他们初步掌握一些相关知识，希望能够起到抛砖引玉的作用。该书也适合于从事现代农业相关的教学、科研、管理和实践等各行业人员使用。

前　言

人类在地球上出现以后，大约在距今约 1 万年左右新石器时代的早期，开始步入农业社会。农业发展到今天经历了原始农业、传统农业和现代农业 3 个阶段。从原始农业转变为传统农业，再从传统农业转变为现代农业。在现代农业发展过程中，首先经历了石油农业阶段，为了提高作物单产水平，人们开展了绿色革命，培育出矮秆小麦、水稻等新品种，扩大灌溉面积，增加化肥用量、施用农药、除草剂等，不断地改善农业生产条件。作物单产水平的提高，出现了环境污染、水土流失、生物多样性丧失、农产品质量不安全诸多问题。为此，人们于 20 世纪 70 年代开展了第一次替代农业思潮，出现了生态农业、有机农业、自然农法等名目繁多的替代农业模式。80 年代后，在可持续发展思潮的影响下，形成了持续农业思潮，开展了农业持续发展道路与模式的探索。

在这个探索过程中，我国开展了生态农业县、乡、村不同层次的建设与实践，涌现出许多好的典型，探索到具有各地特色的发展模式，如浙江省江山县稻田养鱼模式还被《舌尖上的中国》电视纪录片选用，促进了生态农业的发展。此后，无公害农业、有机农业在我国也进行了推广，在不同作物生产操作规程中，对于农用化学物质的使用有了明确的说法，为农产品质量安全加上了一道“防火墙”。

随着我国新农村建设和新型社区的建设以及中共中央连续出台一号文件和国家一系列惠农政策的贯彻落实，加上粮食核心区建设、中原经济区崛起等区域发展政策的落实到位，提出了“三化协调两不牺牲”的命题等新形势的要求，大量青壮年农民工进城，在农村主要是老年人、妇女和儿童，从事农业活动的是“3861”部队，因此，有人提出“未来我国的粮食谁来种”的问题。习近平总书记也多次指出：未来中国人的饭碗要端在自己的手中，饭碗里装的是中国人自己生产的粮食。由此可见，中国粮食安全时时刻刻都装在中央领导心中。正是由于党和国家的重视，惠农政策给力，创造了我国粮食“十连增”的奇迹。

随着土地流转，催生了农民专业合作社的大发展，为我国现代农业发展带来了机遇。有机农业、旅游农业和循环农业在全国各地遍地开花，农业增效、农民增收、劳动力就地转移找到了一条新路子。这些现代农业新模式，特别是有机农业和旅游农业大多是种植一些瓜果、水果等新、特、优等品种。而耕地面积是有限的，如果这些面积过大，势必造成粮食作物播种面积的下降，影响到我国粮食安全；还有新农村建设过程中，建设新房多，而对旧村庄宅基地复耕速度十分缓慢，也不利于我国粮食安全。

在经济发展过程中，带来的工业三废，造成水污染、土壤污染和大气污染的加剧，也会影响我国粮食质量安全。癌症村、雾霾天气和镉米地图的出现，已经向我们敲响了警钟。

面对新时期、新形势、新情况，我国粮食谁来种这个现实问题在考验着我们，只有让农民职业化，加大对他们的技术培训，粮食单产水平才能再上新台阶，才可能续写我国粮食“N连增”的新篇章。

本书是针对农民职业化培训编写的，目的在于更新观念，适应形势发展需求，主要介绍了生态农业、无公害农业、有机农业、旅游农业和循环农业的基本概念、理论、模式和技术，用实例来解释其操作规程。但因现代农业涉及的面广、内容多，不可能面面俱到。由于作者水平和掌握资料有限以及受时间短的限制，错误和不当之处在所难免，恳请读者不吝赐教。

作　者

2014 年 9 月

目　　录

第一章　农业及其起源与发展

第一节　农业的起源及其本质

在讲现代农业之前，首先要了解什么是农业？农业在国民经济中有什么作用？农业的发展是怎么样一个过程呢？农业发展到今天，为什么会呈现出多姿多彩呢？它的发展趋势如何？随着我国经济的发展，要回答这些问题，就必须了解这些内容。随着我国形势的发展，农民也会职业化，就要参加新型职业农民培训，才可能做一个合格的新型农民。

一、农业的定义

农业是人类利用自然环境条件，依靠生物的生理活动机能，通过人类劳动来强化或控制生物体的生命活动过程，以取得所需要的物质产品的社会生产部门。

农业生产的实质就是绿色植物利用二氧化碳和水，通过光合作用合成有机物质，把太阳能转化为化学能贮存在有机物中。

二、农业的特点与性质

从农业生产过程可以看出，农业生产是3类基本因素共同作用的过程：一是生物有机体，包括植物、动物和微生物；二是自然环境，如土、水、光、热等；三是人类借助劳动手段进行的社会生产劳动。这3类因素相互联系，相互作用，使农业生产具有了自然再生产与经济再生产相交织的根本特点。自然再生产通过生物自身的代谢活动而实现，是农业再生产的自然基础。经济再生产是人类遵循自然规律，以生物体自身的代谢活动为基础，根据人类的需要，通过劳动对自然再生产进行作用与指导的过程。

因农业生产中的自然再生产和经济再生产相互交织，且密不可分，由此而派生出农业不同于工业和其他物质生产部门的若干具体特点。

（一）土地是农业中最基本的不可替代的生产资料

农业生产利用各种自然力的基础是土地，农业生产分布在广阔的土地上，人类的农业活动也主要通过土地而对动植物发生作用。然而土地又具有自身的自然特性和经济特性，如土地数量的有限性、位置的固定性、用途的选择性、肥力的可变性、效用的持续性、质量的差异性、收益的级差性等，这就使农业生产产生了土地集约经营、合理布局等一系列特有的经济问题。

（二）农产品是人们最基本的生活资料

随着人类社会的不断进步和经济、科技水平的不断提高，人们的生活消费水平也在不断地提高，人们的衣、食、住、行都会发生一系列深刻的变化，现代工业物质文明和加工制成品不断进入人们的生活消费领域。但是，无论怎样变化，粮、棉、油、肉、蛋、奶、果、茶、菜等这些最基本的农产品，仍然需要农业来提供。它们不仅是人们生活必需的，也是不可缺少的，而且还要求数量上有所增加，结构和质量上不断改进，否则，就会危及人类的生存和发展。

（三）农业生产的主要劳动对象是有生命的动植物，具有周期性和季节性特点

农业生产要在一定的土地空间或水域空间利用空气、阳光、水等自然力来培育动植物，因此，农业生产本身要受到时间和空间的制约，呈现出农业生产的长期性、季节性及地域性。一般来说，农业生产是以一年为单位周期的，畜牧、林果等生产周期则

更长。同时，在农业生产中，由于作物种类的多样性和生产环节的固定性，农业生产要按照自然的季节顺序和固定的期限来合理安排，于是导致农业生产时间较长，农民的有效劳动时间无法集中（鲁可荣，朱启臻，2011）。

（四）农业生产具有空间上的分散性和地域性

由于农业生产活动主要在土地上进行，而土地的位置是固定的，这就决定了农业生产只能在广阔的土地上分散进行。同时，农业生产中植物的生长发育，主要依靠光合作用而获得自然界的物质能量来完成，这就有一个植物叶面的采光面积问题，生产中植物种植越分散，采光面积越大，则从外界获得的物质能量越多。此外，农业生产要受到气候环境和地理条件的影响，不同的地域环境和气候条件则其生产周期、生产季节和生产结构不尽相同，呈现出明显的地域特点。

（五）农业生产时间和劳动时间不一致

农业生产时间是指农业自然生产全过程所需要的时间，这一时间要受到生物生命活动规律与周期的约束，要受到自然资源环境条件的制约，一般生产周期长，则生产时间持久。农业劳动时间是指人们根据农业自然再生产过程中动植物生长发育的实际需要而投入劳动的时间，一般具有间断性和季节性的特点，这也使得农业生产时间和劳动时间产生了非一致性，即在动植物漫长而持续的生长发育过程中，有时，人们不劳动而动植物的生命活动过程照样在进行。由于农业生产时间和劳动时间不一致，使得农业劳动力和生产资料的使用具有了季节性，农产品的获得具有了间断性，农业资金的收支具有了阶段性的不平衡性。

（六）农业生产具有自然和市场的双重风险

由于农业生产大多在自然环境中进行，而自然环境中的诸多因素具有不可控性，使得农业生产的自然风险特别大。同时，农业生产的周期长，按季节播种、按季节收获的规律难以改变，使得农产品供给的弹性很小，难以根据市场变化调整生产结构和改变生产规模，加之农产品的生物学特性，对加工、贮藏、运输、销售要求较高，使得农业生产经营具有较大的市场风险。

（七）农业生产的成果要在最终产品中体现出来

农业生产是人与自然结合的事业，其整个生产中有多种自然因素和社会经济因素联合发挥作用，共同促使生产过程的完结，农业生产的成果要在最终产品中才能体现出来。这就产生了两个问题：一方面生产过程中各种生产要素投入的效果很难测定，例如，生产丰收了，是品种因素的作用、肥料因素的作用、自然界风调雨顺的气候因素的作用，还是人类精耕细作的劳动因素的作用，这很难分清；另一方面人类的等量劳动投入在农业生产中难以得到等量效果，使农业生产成果的分配不能完全按照生产要素投入进行计量分配，农业生产的经营管理更为复杂。

三、农业在国民经济中的地位与作用

古人云："无农不稳，无商不富"。可见农业是国民经济的基础。新中国成立后，我国历届领导人一直关心、倡导并大力发展农业生产。毛泽东从中国是一个农业大国的现实出发，阐述了农业是国民经济基础的思想。1957 年 1 月，毛泽东在省、自治区、直辖市党委书记会议上的讲话中指出：全党一定要重视农业，农业关系国计民生极大。他认为，农业的发展关系到全国人口的吃饭问题，关系到社会的稳定；农业是轻工业原料、出口物资和积累的重要来源，关系到工业的发展；农业关系到国防的巩固。农业、农村和农民问题，始终是中国革命和建设的根本问题。邓小平同志在设计中国式的社会主义现代化宏伟蓝图中，始终高度重视农业，把农业放在国民经济的首位。江泽民同志在 1993 年召开的中央农村工作会议上号召："全党同志要认真学习小平同志关于农业问题的重要论述，总结我国的历史经验，更加牢固地确立农业是基础的指导思想。”在我国，农业仍是人们衣食之源，仍是工业发展原料之地，农村仍是工业品消费市场，农业仍是国家税收的重要来源等等。尽管工商业有相当大发展，农业基础地位没有削弱，反而得到加强。毛泽东同志曾说过：“手中有粮，心中不慌，脚踏实地，喜气洋洋。”陈云同志也指出：有粮则稳，无粮则乱，此事不可小看就是了。老一辈革命家都阐明了农业和粮食的极端重要性。作为我党第二代领导核心的邓小平同志，历来十分重视农业。他在反复总结了中国农业发展的经验教训基础上，形成一系列发展农业经济的成熟思想，并指出：“确立以农业为基础，为农业服务的思想”。

（一）农业是国民经济其他部门赖以独立的基础

食物是人类最基本的生活资料，而食物是由农业生产的。因此，无论是过去和可以预见的未来，农业都是人类的衣食之源和生存之本。同时，农业是社会分工和国民经济其他部门成为独立的生产部门和进一步发展的基础。只有食物的直接生产者为社会提供的剩余产品相当多时，其他经济部门才有可能独立出来，其他经济部门的生产者才能安心地从事其他经济活动。没有农业人类就失去了生存和发展的基础，没有农业的发展便没有社会分工，也没有国民经济其他部门的独立。

（二）农业的发展是国民经济其他部门进一步发展的基础

农业生产力发展的水平和农业劳动生产率的高低，决定了农业为其他部门提供剩余产品和农业劳动力的数量，进而制约着这些部门的发展规模和速度。只有农业发展了，国民经济其他部门才能得以进一步发展。

1949 年以来，我国农业不仅为工业提供原料，还为工业生产的发展提供了资本原始积累，达 6 000 亿～7 000亿元。进入 21 世纪后，随着我国经济的快速发展，工业反哺农业，自 2006 年 1 月 1 日，中国完全取消了农业四税（农业税、屠宰税、牧业税、农林特产税)，延续数千年的农业税终于走进了历史博物馆。这是一个历史的分水岭。在中国延续了千年的农业税成为历史。从此，中国农民彻底告别“皇粮国税”。2007 年，对农民以种地面积为参数进行补贴，2013 年农业部网站公布了“2013 年国家支持粮食增产农民增收的政策措施”，38 项政策包括农民直接补贴、农机补贴、农资补贴等，涉及国家支持农业的方方面面。有业内人士表示，今年农业补贴金额或超去年规模，达到 2 000 亿元。“我国对农民直接补贴逐步成为支持农业的重要方式。”

(三) 农业是国民经济的基础是对各国普遍起作用的经济规律

在世界各国经济发展的进程中，一个普遍的规律是农业产值和劳动力占国民经济的比重逐渐下降。由于经济发展的基础，资源环境条件和经济制度不同，其下降的速度和比重大小也不尽相同。但是，无论是农业比重大的国家，还是农业比重小甚至没有农业的国家，这一规律都要起作用。一些国家如果本国农业的发展规模和水平不能满足国家经济发展的需要，必然依靠其他国家，其经济的发展必将受到其他国家和世界农业的影响。

(四) 农业是国民经济的基础是长期起作用的规律

农业在利用自然力、转化太阳能方面的不可替代性以及农业所生产的产品在使用价值方面的特殊性表明，不仅过去和现在农业是国民经济的基础，即使在科学技术高度发达以后的将来，农业仍然是国民经济的基础。

四、农业的贡献和多功能性

(一) 农业发展的贡献

农业对国民经济发展的贡献主要体现在产品、要素、市场和外汇贡献 4 方面。

1. 产品贡献

食品是人们生活中最基本的必需品，非农产业部门的食品消费主要来源于农业部门。只有农业生产者生产的食品超过维持自身生存需要而有剩余的时候，国民经济中的其他部门才能得以发展。从理论上说，国内食品生产不足可以通过进口来加以解决，但实际上大量进口食品将会受到政治、社会和经济等多种因素的制约，使得食品的供给完全依赖国际市场具有较大的风险或者要具备更为良好的政治与经济条件。

“民以食为天”。我们知道，粮食生产不仅是人均消费粮食的基础，同时，也是肉类生产的基础，以及其他工商业活动和一切消费品生产的基础，没有这个基础，其他一切都谈不上。有资料表明，我国在汉代人均粮食 350.5kg，在盛唐时期达到了 628kg，北宋为 666.5kg，明朝末期为 870.5kg，清初为 852.5kg，到了晚清民国时期人均粮食占有量大幅度下降，只有 350kg，与汉代持平。可以看出，我国人均粮食占有量，自汉代以来，一直是在上升的，直到清代才开始下降，到晚清民国，下降到最低点。

自 1949 年新中国成立以来，我国人均粮食占有量猛增，从 1949 年的 208.9kg 增加到 2012 年的 435.4kg，增加了 2 倍多。而 2012 年世界粮食总产为 22.8 亿 t，世界人均粮食占有量为 321.7kg，我国人均粮食占有量是世界平均水平的 1.35 倍。目前，美洲人均占有量为 625kg、欧洲 570kg、大洋洲 1 000kg 以上、亚洲 330kg、非洲 200kg。但是，我国人均粮食占有量与欧美等农业发达国家相比，还有很大的差距。

2. 要素贡献

农业对国民经济发展的要素贡献，是指农业部门的生产要素转移到非农产业部门，从而推动非农产业部门的发展。农业部门所提供的生产要素有土地、劳动力和资本。

农业劳动生产率提高以后，农产品出现了剩余，使得农业劳动力能够向非农产业转移，从而为非农产业的发展提供最基本的土地生产要素。

随着经济的发展，农业劳动生产率的提高，使得农业劳动力相对充足，甚至出现了剩余，这就为其他非农产业部门的发展创造了最基本的生产条件，农业成为其他非农产业部门劳动力资源的重要来源。

在经济发展的初始阶段，农业是最主要的物质生产部门，社会资本的积累主要靠农业，工业等其他新生产业部门起点低、基础薄弱，还无资本积累能力，此时，农业不仅要为自身的发展积累资金，而且还要为工业等其他新生产业部门积累资金，农业为国家工业化和新生产业的资本原始积累，作出了重要的贡献。

3. 市场贡献

农业对国民经济的市场贡献主要体现在两个方面：一方面农业要为市场提供各种农产品，以满足社会对农产品的日益增长的需要，农产品市场供给充足，流通量增加，不仅有利于社会消费成本的降低，而且还可以促进市场体系的完善；另一方面，农业还是工业品的购买者，如农业生产中所需要的化肥、农药、农膜、机械、电力、能源等由工业生产的农业投入品，都要通过市场来购买，农村是工业品的基本市场。随着农业现代的发展和农民生活水平的提高，农村对农用工业品和工业生产的生活资料的需求将日益增加，这就为工业提供了日益广阔的市场。

4. 外汇贡献

农业的外汇贡献是指通过出口农产品，为国家赚取外汇。发展中国家在经济发展的初期，农业的外汇贡献十分重要。此时，由于工业基础薄弱，科学技术落后，工业品不具有国际竞争力，难以出口创汇，而国家工业化的推进，需要从发达国家进口先进的技术、机械设备和原材料。因此，具有比较优势的农业部门通过大量出口农产品的创汇，为国民经济直接作出外汇贡献。

（二）农业的多功能性

农业多功能性是指农业除了具有提供食物和纤维等多种商品的功能外，同时，还具有其他经济、社会和环境等方面的非商品产出功能，这些功能所产生的有形结果和无形结果的价值，无法通过市场交易和产品价格来体现。

1. 社会稳定功能

首先，农业是社会稳定的基本前提，农业的稳定发展，可为社会提供充足的农产品，以满足人民对最基本的生活必需品的要求，可以使人民生活安定、安居乐业。其次，一个国家的自立自强，在很大程度上取决于农业的发展，如果一个国家的主要农产品不能保持基本自给，过多地依赖进口，不仅会给世界农产品市场带来压力，而且也很难立足于世界各国之林，一旦国际形势发生变化，过多地受制于人就会在政治上处于被动地位，甚至危及国家安全。再次，社会稳定在于农村，农村稳定在于农业，尤其是我国这样的农村人口比重大的国家，农业由于具有地域性分布的特点，不仅为广大农民提供了谋生的手段和就业的机会，而且为他们提供了生活与社交的基本条件及场所，保证了社会的稳定。

2. 生态环境功能

农业生产活动与自然生态环境密不可分，良好的自然生态环境有利于动植物的生长发育，可以使农业生产免遭自然灾害破坏，反过来，在农业生产活动中，人类如果科学合理的利用自然资源和进行农业生产经营，农业不仅可以为自身的发展创造一个良好的生态环境，而且还可以为人类社会营造一个良好的生态环境。

3. 文化传承功能

由于农业生产活动和农村生活紧密结合，与城市相比具有相对的独立性和封闭性，因而农业对形成和保持特定的传统文化，维护文化的多样性、地域性、民族性具有重要作用和特殊功能，具有传承传统文化的功能。

总之，农业对人类的文明发展起到了重要作用，人们的衣食住行都需要农业，农业为我国工业的发展完成了资本原始积累。随着工业对农业的反哺，促进了农业的快速发展。

第二节 农业的起源及发展

在上一节中阐述了农业的内涵、特点以及在国民经济中的作用和地位，大家或许想知道农业是怎么起源的、发展过程如何？

一、农业的起源

(一) 有关农业起源的种种说法

根据古人类学家的研究，人类的历史大约可追溯到300万年前而农耕的历史大约只有1万年。在农耕出现以前的数百万年的漫长岁月里，人类的祖先以采集和狩猎为生。在采集和狩猎的过程中，人类逐渐认识了植物生长发育规律，利用人工的方法改善野生植物的生长环境或者模仿自然生长过程，以增加果实的数量。以后，又进一步学会了人工驯化野生动植物并加以驯化，进行种植和饲养，从而逐渐掌握了畜牧养殖技术和植物栽培技术，原始农业由此产生。

有关农业的起源还有多种说法，归纳起来主要有：

“河流”说，认为农业的起源是由于名川大河造成的。

“气候”说，认为由于古气候变迁，造成大片森林毁灭，原始人无法再依靠采集、狩猎为生，不得不转而依靠农业。又有认为是亚热带气候适宜农耕的。

“宗教”说，认为原始人祭天用的野生动物并不是刚刚捕获的，因为祭天活动和捕猎常常不在同一时间举行，于是就需要饲养，这样就有了畜牧业。为了解决饲料问题，又相应地产生了种植业。

“家禽”说，与“宗教”说大体相似，只是家畜变成了家禽，并且不一定由于宗教原因。

“补牧”说，认为农业（指种植业）是为了解决牲畜的饲料以及补充畜牧业生产之不足而产生的。

“采集”说，认为农业（指种植业）和畜牧业一起产生于采集狩猎，前者来自采集，后者来自狩猎。

“垃圾堆”说，认为原始人经常看到污泥堆上长满野生植物，于是逐渐地从单纯采集转向有意识的栽培。

“食糖”说，认为原始人在实践中深刻地感到对于生存的重要意义，因而哪里适宜粮食和畜产品的生产，哪里就可能产生农业。

“原始农业产生于人类在进入新石器时期以后，不是偶然的。冰河的消融，气候由冷变暖，为农作物的栽培提供了环境条件；人口迅速增长，食物缺乏，也促使人类去开发新的生活资料来源。在旧石器时期，人类劳动使用的是经过打击而成的极为简陋的石器工具，后来在劳动中逐步学会了对石器进行精细的磨制加工，使其生产效率提高，用途更广。尤其是火的利用和弓箭的发明，使社会生产力大大提高了一步。这样，人类社会就逐步进入了新石器时期。在生产工具改进的同时，人类也在长期的采集和渔猎活动中熟悉了动植物的生活习性，学会了栽培植物和驯养动物的简单方法。原始农业就在这样的基础上产生了。”

总之，农业起源是一种漫长的演化过程。从黄河流域到长江流域，这片莽莽大地是块肥沃的田园。这里是中华民族文明的发祥地，是中华民族千万年的故乡。但是，随着猎物的不断减少，人口的不断增加，猎肉储存困难以及季节变化等因素，食不果腹，衣不遮体是显而易见的。他们只能靠野生植物冲饥，生存环境十分恶劣。久而久之，先人们就渐渐的尝试保护、种植可食植物，来弥补肉食之不足。然而开启了农作物种植之先河，这是一个比狩猎更艰辛、更漫长的过程。

（二）农业起源的发展阶段

农业起源应该分为两个发展阶段，即农作物栽培的起源和原始农业的兴起。农作物栽培的起源是指野生植物经过人工筛选后成为栽培植物，该阶段人类社会的经济、变化不大。原始农业的兴起是指农作物的种植已经达到一定的规模，成为先人重要的生计从业活动，进而推动了人类社会的经济、文化的发展。栽培作物起源先于原始农业的兴起。

（三）中国是世界上最早的农业起源中心区之一

农业的出现是新石器时代人类伟大的发现。因此，学者们100多年对世界农业的起源地一直在考察和研究，从全世界来看，只有三大中心。一是西亚区被称为“伞形”的地区，范围包括伊朗德。卢兰平原山地侧翼，土耳其东南部及约旦高地南部，其中，巴勒斯坦的邪利哥、约旦的贝哈、土耳其的萨约吕、伊朗的甘尼。达勒都是重要的农耕遗址。二是东亚区，有学者将其分为由北向南的以下4带：北华带，包括黄河流域以及东北的南部；南华带，包括西至秦岭，东至长江流域附近以南的大部分中国国境；南亚带，包括自缅甸、泰国以及中南半岛；南岛带，包括马来半岛及亚洲大陆南方的岛群。三是中南美洲区，包括墨西哥盆地和瓦哈卡河谷等地区。

1935年，苏联植物学家瓦维洛夫将植物学和植物地理学数据的系统分析同农业植物编目和遗传学研究结合起来，得出结论认为：栽培作物最早出现的8个地区，它们是：中国（136种植物)、印度（117 种植物)、近东（83 种植物)、委内瑞拉高地(49 种植物)、安第斯山（46 种植物）和苏丹—阿比西亚（38 种植物)。中国的农业起源，一是以种植黍和粟两种小米为代表的北方旱作农业起源；二是以种植稻谷为代表的南方稻作农业起源。中国栽培稻起源时间在公元前 10 000年前后。栽培粟的野生祖本可能是狗尾草或谷莠子，栽培黍的野生祖本可能是铺地黍或野糜子，这 4 种植物都是现今常见的田间野草。兴隆沟遗址可能是粟和黍的起源地，距今 8 000年左右。

二、我国农业的发展历程

农业起源后，经过漫长的发展过程，经历了原始农业、传统农业和现代农业 3 个阶段，各个农业阶段都有自身的发展特点和规律。

（一）原始农业

中国远古时代，在种植业和畜牧业发生后到进入阶级社会前，人类为谋取食物和其他生活资料而进行的经济活动。这种经济活动使人类从攫取经济转变为生产经济，开创了人类积极干预自然过程的历史。原始农业作为农业的第一个历史形态，它的特点是：生产工具以石质和木质为主，广泛使用砍伐工具，刀耕火种，实行撂荒耕作制，种植业、畜牧业与采集渔猎并存。据现有资料，中国原始农业早在距今 8 000年以前已在某些地区发生。在中原地区，它大体结束于距今 4 000年左右夏王朝建立之时，基本上与考古学上的新石器时代相始终，后期已进入铜石并用时代。

中国是世界上农业发生最早的地区之一，也是主要的作物起源中心之一。许多重要的作物如稻、粟、黍、大豆、大麻、经济林木和茶、漆等，都是中国首先栽培的。中国在原始时代畜牧业已有发展，已驯养了猪、狗、羊、牛、马、鸡等六畜，它们的野生祖先在中国绝大多数可以找到。中国是最早养蚕缫丝的国家。

各地原始农业遗址发现了不少石斧、石锛，表明中国和世界其他地区一样，实行过“砍倒烧光”的耕作方法和撂荒耕作制；但以木、石、骨、蚌为质材的锄、铲、耒、耜、等翻土工具出现相当早，尤以使用耒耜为特色，表明中国较早由迁徙的刀耕农业转为定居的锄耕农业。这与中国在平坦疏松而森林较少的黄土地区和江河两岸的冲积平原发展农业有关。中国大多数地区的原始农业以种植业为主，南方多种稻，北方多种粟黍；家畜饲养处于次要的辅助地位，一般以养猪为主；采集和渔猎仍是获取生活资料的重要手段，形成农牧采猎相结合的格局。北部和西部以牧养马、牛、羊为主的游牧部落形成较晚。这种情况以及古史传说都表明：中国是从采集经济直接进入农业经济，其间没有经历畜牧业经济阶段。

表 1－1 列举了不同农业体系提供的食物及其维持全球人口的数量。由此可见，原始农业生产力水平极低。

表 1－1　不同农业体系生产食物和维持人口的能力

农业体系	时期	谷物产量（t/hm²）	世界人口（百万）	人均耕地面积（hm²）
渔猎和采集	旧石器时代	—	7	—
刀耕火种	新石器时代	1	35	40.0
中世纪轮作	公元 500～1450	1	900	1.5
畜牧农业	18 世纪末	2	1 800	0.7
现代农业	20 世纪	4	4 200	0.3

来源：金继运，刘荣乐译．土壤肥力与肥料．中国农业科技出版社，1998：6

目前原始农业主要有游牧制、游耕制和休耕制。游牧制的国家主要有阿富汗、叙利亚等西亚国家；在非洲的埃塞俄比亚、坦桑尼亚、阿尔及利亚和肯尼亚等国。

游耕制主要分布在低纬度湿润贫瘠的多雨地带，主要分布在东南亚、非洲和拉丁美洲的一些国家。

休耕制分布范围比较广，当今世界上，在人少地多的地方，大约有2亿人，占世界耕地面积的23%，实行实行着不同类型的休耕制。如东南亚的泰国、缅甸、印尼和新几内亚等地有5 000万人实行休耕制；在印度和中国也有少部分休耕制；休耕制在非洲占有主导地位；拉丁美洲也有部分实行休耕制，如墨西哥耕地的20%实行休耕制，危地马拉和尼加拉瓜也有分布。

（二）传统农业

传统农业在我国形成于夏商周时代（公元前21世纪至前8世纪），一直持续到新中国成立。在几千年的传统农业阶段，其生产力还是比较低。体现和贯彻中国传统的天时、地利、人和以及自然界各种物质与事物之间相生相克关系的阴阳五行思想，精耕细作，轮种套种，用地与养地结合，农、林、牧相结合的一类典型的有机农业。中国传统农业是居于原始农业和近现代农业之间的农业生产形态。以使用畜力牵引和人工操作的金属农具为标志，生产技术建立在直观经验的积累上；其典型形态是铁犁牛耕。中国自中原地区进入阶级社会以来，传统农业逐步形成，进而占据统治地位，并延续到近代。

中国传统农业是集约型农业，主要特点是因时因地制宜，精耕细作，以提高土地利用率、提高单位面积产量为中心，采取良种、精耕、细管、多肥等一系列技术措施。其形成与封建地主经济制度下小农经营方式和人口多、耕地少的格局的逐步形成有关。在农艺和产量上，中国传统农业曾达到古代世界的最高水平。以种植粮食为中心，多种经营，是中国传统农业生产结构的主导形式。在这样的农区之外，又有游牧经济占主导地位的牧区，两者互相依存，在不同时期，又互有消长。

在2 000多年的传统农业阶段，形成了有中国特色的农业技术体系，魏晋南北朝时期形成了耕、把、耱（耢）相结合的整地技术体系；还有施用有机肥，保持地力常新的施肥技术体系。战国以来，连作制逐步代替休闲制成为主要种植制度。复种在局部地区早已出现，但较大的推广始于宋代南方的稻麦一年两熟制，明、清以来，江南的双季间作稻和双季连作稻发展较快，华南与台湾并出现一年三熟的记载。北方两年三熟也获得发展。多种多样的轮作倒茬方式和多层次间套作等，适应连作复种的需要也被创造出来。水稻、甘薯、玉米等高产作物有利于养活更多的人口，而人口的压力又促进了更集约的土地利用方式的出现，形成了我国今天的间作套种的多熟种植农业技术体系，这些构成了我国传统农业技术的精华。许多生态农业模式也在这个时期形成并得到逐渐的发展。广大农区以粮食为主，多种经营。一种方式是在不同地区因地制宜的专业经营。如我国种植——养猪相结合的生态农业模式；珠江三角洲地区则是把粮、桑、果、蔗、鱼等生产结合起来，形成桑基鱼塘等生态农业模式，建立了农林牧副渔协调发展的关系。

在动物饲养方面，早在先秦，马、牛、羊、猪、狗、鸡就是主要的家养动物。北方和西北游牧族饲养的驴、骡、骆驼，汉以后大量传入中原，成为重要畜种。春秋战国以后，除游牧族外，大牲畜向役用发展；猪、羊、家禽主要供肉用；马主要用于军事，被奉为六畜之首；耕牛随着犁耕的推广，其重要性与日俱增。鹅鸭在先秦已有饲养，它们与鸡的地位有逐渐增长的趋势。少数民族还有人养象、鹿、鹰等。人工养鱼不晚于周代。经济昆虫饲养首推家蚕与蜜蜂。养蚕缫丝是中国独特的发明，并成为古代农业的重要项目。

此外，传统农业阶段还促进了东西方农业生物的交流（表1－2），为农业生物的推广作出了贡献。

表 1－2　传统农业时期农业生物的交流

传入中国的农业生物		传入西方的农业生物	
农业生物	原产地	农业生物	原产地
小麦、大麦	西亚	水稻	中国
苜蓿	伊朗	茶	中国
石榴	西亚	大豆	中国
芝麻	西亚	荞麦	中国
菠菜	尼泊尔	梨	中国
辣椒	中美洲	杜鹃	中国
菜豆	中美洲	黍、粟	中国
玉米	中美洲	鸡	中国
土豆	中美洲	鸭	中国

但是，传统农业阶段，受生产条件的限制，小麦和水稻的单产水平的提高极其缓慢（表 1－3）。秦汉时期，单产水平分别为 823.5kg/hm^2 和 580.5kg/hm^2；到清末，分别提高到了 1 465.5kg/hm^{2}和 2 929.5kg/hm^2。经历了 2 000多年的努力，小麦单产只增加了 642kg/hm^2，水稻只增加了 2 349kg/hm^2。相当于每经过 100 年，小麦和水稻单产分别提高了 31.0kg/hm^2 和 117.45 kg/hm^2，具体情况见表 1－3（余也非，1980；孙羲，1987；奚振邦，1994）。

表 1－3　我国古代小麦、水稻单产的变化情况

时代	小麦		水稻	
	(kg/hm^2)	(%)	(kg/hm^2)	(%)
先秦（前 221 至前 206）	823.5	100		
西汉（前 206 至公元 24）	904.5	109.8	580.5	100
魏、西晋（220～316）	889.5	108.0	889.5	147.6

（续表）

时代	小麦		水稻	
	（kg/hm²）	（%）	（kg/hm²）	（%）
东晋、南朝（420～589）	—	—	1 249.5	207.3
北朝（386～589）	772.5	93.7	—	—
隋、唐（581～907）	852.0	102.9	1 278.0	211.9
宋代（960～1279）	781.5	94.8	1 560.0	258.8
元朝（1291～1368）	1 084.5	131.7	2 167.5	359.5
明、清（1368～1911）	1 465.5	177.9	2 929.5	485.8

舒尔茨曾指出："传统农业是一种特殊类型的经济均衡状态。"主要特点有：①农业是经济的主要成分，多数农民是自给农民，其主要生产是供家庭所需，仅有少数产品出售，农产品商品率极低。②生产方法是传统的，技术状态长期保持不变。③外界系统投入很少，且输入的主要是劳力和土地。地多人少的以输入土地为主，地少人多的依赖于劳力优势，输入较多的劳力。④产品、劳动生产率和土地生产率均低（舒尔茨，1987），一个农民只能养活 1～3 人。

但与原始农业相比，传统农业阶段的生产有了质的飞跃。铁器工具、人畜力及其他自然力的使用精耕细作传统农业技术的建立和应用，大大提高了生产力和生产率。传统农业的发展为农业最终迈向现代农业积累了经验并奠定了坚实的基础。

（三）现代农业

现代农业是农业发展的第三个阶段。世界农业在经历了几百乃至几千年的传统农业阶段之后，伴随着工业革命，拉开了从传统农业向现代农业转变的序幕。

随着第一次工业技术革命之后，第二次技术革命又于 19 世纪下半叶开始，电力、电讯、内燃机、钢铁、化学等新兴工业部门如雨后春笋般地相继涌现，带动整个资本主义经济向前飞速发展。市场上对农产品的需求急剧增加。时代提出了新的要求，也提供了新的可能，这就是用现代工业改造传统农业。作为农业现代化的第一步，美国首先用70年左右的时间，从1840—1910年实现了农业的半机械化，人称“骡马革命”，广泛推广应用了一批畜力耕作机械，如马拉二铧犁、三铧犁、四铧犁、马拉播种机、收割机、打谷机、割草机等。甚至还有一种集收割、打谷、去秸、扬场于一身的联合收割机，重达15t，要40匹马才能拉动，后来又改为用蒸汽机推动。

1910年左右，美国农场开始使用拖拉机。这一年美国农场拥有大约1 000台拖拉机。但随后发展十分迅速，5年以后，已经增加到25万台。到第二次世界大战结束时，已经达到了248万台。与此同时，各种配套作业机具也迅速增加。联合收割机也改为内燃机来推动，并得到广泛应用。1910年，大约有1 000台这样的联合收割机，1920年增加到4 000台，1930年猛增至6.1万台，战后1946年初达42万台。畜牧业方面则出现了挤奶机，1910年大约1.2万个，1930年增加到10万个，1945年达36.5万个。此外，还有饲草收割机、捡捆机，到1945年分别达到2万台和4.2万台。这样，到第二次世界大战结束时，美国农业上各种主要的繁重农活，几乎都可以由机械来完成，基本上实现了农业机械化。

与农业机械化同时，农业化学化也在这一时期起步了。1840年，德国伟大的化学家，人称“有机化学之父”的李比希出版了他那本非常著名的《有机化学在农业和生理学上的应用》一书，这标志着农业化学的诞生，也可以看做是农业化学化的开端。从1845年起，李比希开始从事化肥生产的研究，他发明了一种把碳酸钾和碳酸钠混合在一起的钾肥，还发明了用硫酸处理骨头的方法生产过磷酸钙。他获得了发明专利权，并把它们卖给了英国和德国的工厂主们，这就是世界上最早的化肥生产。这些化肥应用于当时的农业生产取得了明显的效果。英国人甚至在整个欧洲到处翻挖古墓，平均每年用船运回350万人的尸骨骨粉，以支持本国化肥生产。李比希痛斥他们是“寡廉鲜耻”。不过，整个19世纪，直到第二次世界大战以前，世界农业化学化进展并不大。这大约因为那时候农产品出口大国美国地广人稀、土地肥沃所致。美国是从19世纪末开始使用矿物肥料的。1900年，美国使用化肥（实物量）247.7万t，平均15kg/hm^2，1995年增至1 846万t，平均142.5kg/hm^2。可算初步实现农业化学化。这样，从19世纪40年代到本世纪40年代，美国经过大约100年左右的时间，初步实现了农业现代化。第二次世界大战以后，现代农业技术又进一步完善和提高，并迅速向各个资本主义发达国家和某些发展中国家推广普及，取得了辉煌的成就。概括起来，没有现代工业，就没有现代农业，正是现代工业塑造了现代农业。现代农业是现代工业浇灌培育出的一朵美丽的奇葩。

与此同时，不少发展中国家在20世纪60年代以来的“绿色革命”的冲击下，也加快了其传统农业改造的进程，向现代农业迈进。总之，现代农业就是应用机械，化肥等现代工业，现代科学技术与管理方法武装的农业，又是工业化以来高资本、高能量、高技术及以商品生产为主要特征的农业生产体系。其实质是资金和能源的集约利用，替代传统的对土地与劳力的集约使用；向农业投入大量的商品辅助能，以提供农机燃油，化肥、农药、灌溉等。

现代农业的主要特点，见表1－4；现代农业与传统农业的区别，见表1－5。

表1-4 传统农业、现代农业的特征

	传统农业	现代农业
农产品商品率（%）	0~40	50~100
商业性投入（%）	0~30	30~90
农业劳动力投入（%）	>50	<20
肥料来源	厩肥、绿肥、豆科植物	化学肥料
病虫草害防治	轮作、间作、休闲、人工等	农药
单位耕地面积投入	多	少
人均耕地面积	少	多
农业劳动力	人力、畜力	拖拉机等
专业化程度	低	高
主要投入	土地、劳动	资本

表1-5 传统农业与现代农业的比较

	传统农业	现代农业
生产工具	铁器	机械、电器
农业劳力	人力、畜力	动力机、电动机
劳动方式	手工、畜力、畜力机械	机械化、电器化、自动化
生产规模、社会分工	生产规模小、社会分工不明	生产规模大、社会分工精细
栽培技术	传统技术	现代科学技术
经营管理	传统经验	现代科学管理手段
经济形态	自给自足，商品经济不发达	商品经济高度发展，社会化大生产

从20世纪初到80年代中期的80多年间，世界耕地面积由不足9亿hm^2增加到14.8亿hm^2，增幅仅为0.7倍，而农业生产总量却扩大了2.5倍以上。粮食单产也得到了极大的提高（表1-6）。

表 1-6　部分国家谷物单产比较　（单位：kg/hm²）

	1970	1975	1980	1985	2002
世界平均	1 734	1 856	2 158	2 557	3 083
中国	1 769	2 074	2 947	3 337	4 963
美国	3 157	3 461	3 774	4 768	5 570
日本	5 123	5 932	4 841	5 847	6 090
英国	3 369	3 812	4 944	5 592	7 122
印度	1 135	1 261	1 350	1 606	2 340
韩国	3 311	4 086	3 880	5 652	6 089

现代农业的巨大发展带来了社会经济结构的变化（表 1-7）。首先是非农人口的增加和农民人数的减少，完成了传统农业社会向现代工业社会的转变；工业的发展改变了以往农业生产仅仅为满足人口基本生物需要的局限，为农产品开辟了更加广阔的市场，从而推动农业的商业性生产朝向全方位发展。

表 1-7　结构变化、市场规模和农业生产力

农业就业人口（%）	每个农民应供养的非农人口数	每个农民供养人口数	农业人口每下降 10% 人均需增加产量（%）	农业就业每下降 10% 非农就业增加（%）
80	0.25	1.25	—	—
70	0.42	1.42	13.6	68
60	0.66	1.66	16.9	57
50	1.0	2.0	20.4	—
40	1.5	2.5	25.0	50
30	2.3	3.3	32.0	53
20	4.0	5.0	52.0	74
10	9.0	10.1	100.0	125
5	19.5	20.0	100.0	111

现代农业的发展，促进了社会、经济和政治各个方面的深刻变革，人类物质文明和精神文明得到了极大的发展。

第二章　现代农业概述

第一节　现代农业的内涵及其特征

现代农业是广泛应用现代科学技术、现代工业提供的生产资料和科学管理方法的农业。在按农业生产力的性质和状况划分的农业发展史上，是最新发展阶段的农业。主要指第二次世界大战后经济发达国家和地区的农业。

一、现代农业的定义

现代农业是相对于传统农业而言，是广泛应用现代科学技术、现代工业提供的生产资料和科学管理方法进行的社会化农业。在按农业生产力性质和水平划分的农业发展史上，属于农业的最新阶段。

现代农业是指运用现代的科学技术和生产管理方法，对农业进行规模化、集约化、市场化和农场化的生产活动。现代农业是以市场经济为导向，以利益机制为联结，以企业发展为龙头的农业，是实行企业化管理，产销一体化经营的农业。

二、现代农业的基本特征

（1）一整套建立在现代自然科学基础上的农业科学技术的形成和推广，使农业生产技术由经验转向科学，如在植物学、动物学、遗传学、物理学、化学等科学发展的基础上，育种、栽培、饲养、土壤改良、植保、畜保等农业科学技术迅速提高和广泛应用。

（2）现代机器体系的形成和农业机器的广泛应用，使农业由手工畜力农具生产转变为机器生产，如技术经济性能优良的拖拉机、耕耘机、联合收割机、农用汽车、农用飞机以及林、牧、渔业中的各种机器，成为农业的主要生产工具，使投入农业的能源显著增加，电子、原子能、激光、遥感技术以及人造卫星等也开始运用于农业；良好的、高效能的生态系统逐步形成。

（3）农业生产的社会化程度有很大提高，如农业企业规模的扩大，农业生产的地区分工、企业分工日益发达，“小而全”的自给自足农业生产被高度专业化、商品化的生产所代替，农业生产过程同加工、销售以及生产资料的制造和供应紧密结合，产生了农工商一体化。

（4）现代农业管理技术和手段也日臻完善且与时俱进。经济数学方法、电子计算机等现代科学技术在现代农业企业管理和宏观管理中运用越来越广，管理方法显著改进。

（5）现代农业商品率很高。随着我国经济的发展，农村青壮年进城务工，粮食作物如小麦、玉米通过联合收割机收获后就直接卖给面粉加工厂或饲料生产厂家，甚至这些粮食作物的收购者就在田间地头等后。农民吃的面粉也直接到超市购买。

（6）现代农业生态系统开放程度高。农业生产中使用的种子、化肥、农药、除草剂等物质投入全在市场上购买，目前，我国农业生产中，大多数作物的种子主要靠购买，如玉米种子良种化率达到了100%、小麦、水稻、花生等良种化率也超过90%。因此，现代农业和原来的自给自足的传统农业相比，开放程度相当高。

总之，现代农业的产生和发展，大幅度地提高了农业劳动生产率、土地生产率和农产品商品率，使农业生产、农村面貌和农户行为发生了重大变化。

三、现代农业的本质属性

现代农业是一个动态的和历史的概念，它不是一个抽象的东西，而是一个具体的事物，它是农业发展史上的一个重要阶段。从发达国家的传统农业向现代农业转变的过程看，实现农业现代化的过程包括两方面的主要内容：一是农业生产的物质条件和技术的现代化，利用先进的科学技术和生产要素装备农业，实现农业生产机械化、电气化、信息化、生物化和化学化；二是农业组织管理的现代化，实现农业生产专业化、社会化、区域化和企业化。

现代农业广泛应用现代科学技术、现代工业提供的生产资料和科学管理方法的社会化农业。在按农业生产力的性质和状况划分的农业发展史上，是最新发展阶段的农业。主要指第二次世界大战后经济发达国家和地区的农业。其基本特征是：技术经济性能优良的现代农业机器体系广泛应用，因而机械作业基本上替代了人畜力作业。

由于农业机械化、化学化、水利化以及良种化的应用，使农业的面貌发生了巨大的变化。首先由于农业机械化替代了人蓄力，大大地提高了劳动生产率，原来在河南省小麦收获季节，需要 15 ~ 20 天，现在由于联合收割机的推广应用，全省小麦收获从南到北也就 7 ~ 10 天，不但减轻了劳动强度，提高了劳动生产率。化肥、农药和除草剂的施使用，减少了人工的投入，施肥、良种和灌溉技术的结合，促进农作物单产水平不断提高，也成就了河南省小麦“十一连增”和我国粮食总产的“十连增”。世界农产品从短缺转变为剩余。至此，现代农业的工业化农业阶段已确立，并进入鼎盛时期。

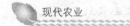

第二节　现代农业对生态资源环境带来的影响

现代农业创造出辉煌的成就，生产出巨大的农产品，满足人类的需求的同时，也带来了一系列的问题。归纳起来主要有生态环境问题、资源短缺等。

一、现代农业对生态环境的正效应

（一）以提高地力为中心对土壤进行改良和培肥

我国耕地中 70% 为中低产田；在沙土、盐碱土等不适宜农业生产的土地占有一定的比重。新中国成立后，我国开展了大规模的土壤改良和地力培肥运动。如 20 世纪 50～80 年代的农田水利基本建设运动，农业生产中投入大量的农家肥，不断提高土壤肥力。以盐碱土改良为例，盐碱土中由于可溶性盐分和代换性钠的含量太高，作物难以生长，且它的分布较为广泛，差不多遍及淮河—秦岭—巴颜喀拉山—唐古拉山—冈底斯山以北地区以及所有的滨海地带，大约有 2 668 万 hm^2，其中，耕地约 666 万 hm^2。它们主要分布在以上区域地形较低、地面水流和地下径流都比较滞缓或较易汇集的地段。这类土壤的生产潜力很大，但如不经过脱盐碱改良，一般是难以利用的。盐碱土的改良利用一般采取以水肥为中心、水利农业、生物等措施进行综合改良。目前，我国许多地方，经过种稻改良的盐碱土，小麦产量得到一定程度的提高。

在土壤改良的同时，还进行农田林网化，植树造林，降低风速，减少风沙，排灌结合，井沟渠结合，蓄泄兼施，有计划地进行春排、夏滞、秋蓄、冬灌，有效地控制地表水、地下水和主、客水，使多水与少水互相调剂，实行河、井、沟渠结合，排灌蓄滞联合运用，综合治理旱、涝、盐、碱，提高土壤肥力。

（二）加强农田水利建设，不断扩大灌溉面积，确保高产标准粮田建设

在我国小麦特别是冬小麦主产区中，降水与小麦生长发育需水耦合度差异较大，笔者在这个方面已有较多的著述（吴大付，1998；吴大付等，2008；2009；2012），在一定程度上来说，没有灌溉就没有我国小麦生产。而小麦是北方人主要口粮，为了确保小麦生产，新中国成立以来，一直在不断地进行农田水利建设，扩大灌溉面积，也促进了我国高产稳产田的建设。60 年来，农村水利设施不断加强，农田灌溉面积不断扩大，有效保障粮食安全。60 年来，我国的灌溉事业不断发展，农田灌溉面积从 1949 年的 1 600 万 hm^2发展到 2008 年的 5 846.7 万 hm^2，占全国耕地面积的 48%，每年在这些灌溉面积上生产的粮食占全国总量的 75%，生产的商品粮和经济作物都占 90% 以上。农田水利建设取得的巨大成就，使中国能够以占世界 9% 的耕地，解决了占世界 21% 人口的温饱问题，为保障中国农业生产、粮食安全以及经济社会的稳定发展，创造了条件。

（三）作物秸秆还田促使土壤生态系统走向良性循环

我国具有丰富的秸秆资源，据估算，我国秸秆量高达 6 亿～7.5 亿 t，这些秸秆中蕴涵着巨大的植物养分，含氮 300 多万 t，含磷 70 多万 t，含钾 700 多万 t，相当于我国目前化肥用量的 25%，另外，其还含有大量的微量元素和丰富的有机质。在现有的生产水平条件下，若直接还田 4 500～7 500kg/hm^2，能够增产粮食 375kg/hm^2 以上。若能连续还田 3 年，能够增加土壤有机质含量 0.2%～0.4%。我国耕地中 50% 是旱地，干旱缺水始终困扰着农业的发展，实行秸秆还田或覆盖还田则是旱地农业的重要措施之一。若能实行过腹还田，1/3 的秸秆做饲料，可增加 1 亿头牛的载畜量，能节约饲料粮 5 300万 t。若能 1/3 的秸秆通过沼气发酵，生产沼气用于生活和照明，能替代 6 000多万 t 标煤的

化石能源。沼渣和沼液可作有机肥。

（四）现代农业中的种植业，种植的农作物对环境中污染物还具有植物修复作用

目前，植物修复技术是修复污染环境的一种绿色技术。植物在生长发育的过程中，通过植物吸收、植物固定、植物挥发、根际过滤等过程，在吸收养分的同时，还能够吸收一些有机物、重金属等污染物。同时，还可以通过根际分泌物来稀释、钝化污染物，提高植物的耐性、抗性。而有的植物还对污染物具有避性，进一步通过螯合和络合反应，创造出适宜的植物生长环境，为合理地利用污染的耕地生产出安全的农产品提供了理论支撑和实际应用的可能性，对于弥补我国耕地的不足具有重要意义。

（五）现代农业粮食等农作物产量的大幅度提高，减少了荒地的开垦

生态学上有一个原理，就是生态因子之间具有一定的替代性和补偿性。生态因子虽非等价，但都不可缺少，一个因子的缺失不能由另一因子来替代。在一定条件下，一种因子量上的不足，可通过其他因子来补偿，结果可获得相似的生态效应。

1. 化肥的大量使用，灌溉面积的扩大，水肥耦合作用能够大幅度地提高作物单产水平，减少了荒地的开垦

目前，我国已经成为世界第一大氮肥生产和消费大国，国内外大量的长期定位试验结果表明，连续地、系统地施用化肥，都将对土壤肥力产生积极影响。可以通过无机换有机，促进土壤生态系统的良性循环。随着化肥的施用，生产出越来越的粮食，同时，也生产出大量的作物秸秆和根茬（表 2－1）。随着作物秸秆还田和根茬的自然还田，含有的有机质一旦进入土壤生态系统，不但不会增殖，且不能长久地保持其原有的数量和形态，在微生物的作用下，有机质不断地降解、转化和消亡。在此转化过程中形成一些比较稳定的有机物质，如胡敏酸等腐殖物质。只要不断

地补充作物秸秆，这些物质会不断地形成和积累。

表 2－1　小麦不同单产水平的根茬量　（单位：kg/hm^2）

单产	1 741.5	2 650.5	3 369.0	4 303.5	4 915.5	5 572.5	6 361.5	7 077.0	7 936.5
根茬量	2 172.0	2 743.5	2 674.5	2 760.0	2 895.0	3 138.0	3 072.0	3 294.0	3 868.5

在 20 世纪 90 年代，我国开展的成建制吨粮田建设就是成功的范例。在黄河以北的河南省温县和山东省桓台县，小麦玉米一年两熟亩产超过吨粮。其方法就是对化肥用量配比及运筹加上适当的灌溉来实现的。

美国 140 多位科学家联名公布的一份令人信服的调查报告指出：施用 1t 氮肥的产出，相当于增加 0.26hm^2 水浇地的产量；若立即停止施用化肥和农药，全世界粮食总产将减少 50%，生产成本提高 60%；完全依靠厩肥中的养分来源所造成的生态压力较化肥更为严重；农业单位面积产量恢复到 20 世纪 40 年代水平，而总产不变，则需重新垦殖 0.5～1 倍耕地（表 2－2）。而美国粮食专家丹尼斯·埃弗利认为，使用化肥和农药进行集约耕作可能会解决世界日益严重的饥饿问题，又不破坏雨林和野生动植物保护区。其结论是十分明确的，即今天的绝大多数农产品是农用化学制品换来的，化肥是农业生产系统最主要的必不可少的物资投入。正是化肥的投入，才得以免去垦殖新荒，减少污染以确保农业的可持续发展。

表 2－2　几个国家的化肥投入与谷物单产的比较

国家	化肥施用量		人均耕地（hm^2/人）	谷物单产（kg/hm^2）	相对单产
	对耕地（kg/hm^2）	对人口（kg/人）			
日本	415.0	15.8	0.0418	5848	269
荷兰	649.6	41.0	0.0561	7093	327
美国	93.6	72.2	0.7552	4749	219

（续表）

国家	化肥施用量		人均耕地（hm^2/人）	谷物单产（kg/hm^2）	相对单产
	对耕地（kg/hm^2）	对人口（kg/人）			
苏联	117.0	95.1	0.8070	2171	100
中国	250.4	28.3	0.1106	3478	160

诺贝尔和平奖得主 N. E. Borlaug 在谈到化肥时说道："以美国、中国和印度为例。在 1940 年，美国化肥实用量较少，在 12 900万 hm^2 的土地上，生产出重要的 17 种粮食、饲料和纤维作物 25 200万 t，而到了 1990 年，在 11 900万 hm^2 的土地上产量达到了 60 000万 t，比 1940 年少投入 1 000万 hm^2 的土地。如果美国利用 1940 年的技术生产出 1990 年的 17 种农作物的总产量，则还需要增加 18 800万 hm^2 的耕地。这就使得美国 73% 的永久草地或 61% 的林地开垦为农地种植农作物。中国 1992 年的谷物产量按照 1961 年的技术生产，还需要扩大 3 倍谷物面积；印度还需要扩大 2 倍谷物面积。"农业集约化水平的提高，使得产量增加，保护了热带地区至少 1.7 亿 hm^2 和全球约 9.7 亿 hm^2 的天然生境没有变成农田。Schmitz 和 Hartmann 1994 年建立其模型，用于估计德国农用化学物质。其中包括：化肥减少时，得出：氮肥用量如果减少 50%，短期内作物产量减少 22%，在中长期的范围内减少 25% ~30% 的产量，农业利润将减少 40%，农业收入将减少 12%，谷物总产要下降 12%。

2. 多维用地，促进单位耕地面积作物单产水平的提高

我国具有精耕细作，多位用地的传统。所谓多维用地是人们为了提高土地生产力，通过农业生物从水平、垂直、时间和空间上利用土地，充分挖掘土地所承载的农业自然资源的生产潜力。土地的生产潜力是一个多元函数，由土壤、气候、地形地貌、对植物群落、水文条件等自然因素综合作用。土地不仅仅是个平

面，还是一个有长、宽、高的三维空间；地力不只是土壤的水、肥、气、热状况，地上部的光、温、气也是重要的组成因子；光、热、水、养、气分布在土地的空间中，也分布在全年的时间里时间稍纵即逝，光、热、气这些可更新资源不用就会白白流逝。因此，用地不仅要有三维观念，还要树立时间维的观念。多维用地不仅要建立农田复合层片生物结构，通过间混套种，立体种植，使得地上部有高有低，错落有致，分层利用光、热、气，地下部深浅不一，分层利用土、肥、水；同时也要利用群落演替规律，通过复种、混套作地膜覆盖，温室、塑料大棚、农林复合系统等实行多熟种植，使农田此长彼生、此长彼收，合理演替，四季常绿，延长对资源的利用时间，充分发挥农田生产潜力。

二、现代农业对生态资源环境带来的负效应

（一）现代农业对生态环境带来的破坏

1. 对水资源带来的污染

我国现代农业已经形成了“化肥依赖症”，化肥使用总量在逐年增加。一方面扩大了施肥作物的种类，从开始蔬菜、粮食、经济作物发展到果树、经济林、花卉等作物；另一方面，作物施肥量也在逐年增加，使用的化肥种类也不断地增加，以氮素化肥为例，从氮素元素比较容易损失的氨水、碳铵发展到今天的尿素、二铵，缓释肥料和控释肥等品种；从单一元素到多元素的复合肥；从一般肥料到专用肥料，复混肥料等，方便了肥料的施用。氮肥无节制地使用，使得氮素失控，导致水体富营养化和硝酸盐污染，以至于现在人们谈硝酸盐色变。

硝酸盐在地表水和地下水的迅速增加，不断地扩大着对饮水水源的危害，饮水中硝酸盐浓度的增加，超过一定程度，就直接威胁着人体的健康，对生态系统造成直接或间接的危害。硝酸盐对水体的污染潜在发生或已经发生有不少报道。据报道，我国北

方一些地区的农村和小城镇饮用水硝酸盐污染的问题已经相当严重，对北京、天津、河北和山东等省市调查了69个点，其中，有50%超过饮水硝酸盐含量的最大允许量，70%的菜地，11.1%的粮田地下水含量超标（张维理等，1995）。中国农业科学院在北方5省20个县集约化蔬菜种植区的调查，在800多个调查点中，45%的地下水硝态氮含量超过11.3mg/L，20%的超过了20mg/L，个别点超过了70mg/L。中国超过85%的湖泊面临富营养化威胁，532条河流中82%者含有过量的氮，其中，大部分的氮来自农田流失的氮肥。在一些农业集约化地区，化肥流失造成的地下水硝酸盐污染也非常严重，威胁着饮用者的身体健康。

2. 对耕地带来的污染

在现代农业生产中，随着农用化学物质如化肥、农药、除草剂、塑料薄膜的大量使用，因水资源的短缺，利用污水灌溉，加上污泥等有机肥的施用，加上采矿、电池、冶炼等行业废水的直接排放，带来了对土壤有机物污染和重金属污染。目前，我国土壤污染比较严重，使得近年来出现了癌症村和镉米图的出现。

目前，我国重金属污染的耕地面积近1 000万 hm^2，其中，近20%的耕地受到严重污染。全国粮食每年因此减产1 000多万t，重度年份达1 200万t。农业部环保监测系统曾对全国24个省、市320个严重污染区548.2万 hm^2 土壤调查发现，大田类农产品超标面积占污染区农田面积的20%，其中，重金属超标占污染土壤和农作物的80%。

3. 水土流失严重

我国是世界上水土流失最严重的国家之一。全国几乎每个省都有不同程度的水土流失，其分布之广，强度之大，危害之重，在全球屈指可数。我国水土流失量占世界水土流失总量的20%左右。我国每年流失的土壤总量达50多亿t，每年流失的土壤养分为4 000万t标准化肥（相当于全国1年的化肥使用量）。

4. 土地退化

土地退化是指土地受到人为因素或自然因素或人为、自然综合因素的干扰、破坏而改变土地原有的内部结构、理化性状，土地环境日趋恶劣，逐步减少或失去该土地原先所具有的综合生产潜力的演替过程。

土地质量退化的主要形式有：①土地侵蚀（水土流失）。由自然界发生风力、洪水（水力）和机械重力及人为滥垦、滥伐、滥牧等原因所致。②土地沙漠化。主要发生在干旱、半干旱地区。③土地盐碱化。主要由灌溉不当和排水不畅引起。④土地次生潜育化。是水田土地的退化形式，主要由排灌不当和不合理耕作制度所造成。⑤土地污染。主要是由工业“三废”污染、化肥农药污染和生物污染（种子、产品污染）所造成。此外，还有对土地的不合理利用造成的土地质量退化等。土地退化严重制约着农业生产的发展。

自1949年以来，我国水土流失毁掉的耕地总量达267万 hm^2（4 000万亩），这对我国的农业来说是极大损失。据20世纪50年代初期统计，水蚀面积150万 km^2，风蚀面积130万 km^2，合计占国土面积的29.1%，到1990年，全国水土流失总面积达367万 km^2，占国土总面积的38.2%，其中，水蚀面积179万 km^2，风蚀面积188万 km^2。中国自1997年以来已经丧失了820万 hm^2 耕地。目前，中国37%的土地在退化，中国人均可使用土地面积，不足世界平均水平的40%。

5. 干旱和洪涝灾害

20世纪50年代，我国年均受旱灾的农田为800万 hm^2（1.2亿亩），90年代上升为2 533.3万 hm^2（3.8亿亩）。1972年黄河发生第一次断流，1985年后年年断流，1997年断流天数达227天。有关专家经调查推测：未来15年内，我国将持续干旱。但近50年来，每3年就出现一次大涝。2009年河南省大旱，2010

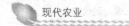

年西南大旱，2011 年华北、黄淮大旱，2014 年河南省遭受 63 年来最严重的干旱，多城农业灌溉无水可用。

(二) 现代农业对自然资源带来的影响

1. 水资源短缺

农业是我国用水大户，农业用水量一直居高不下。目前，我国农业用水量占用水总量的 70% 左右，主要与我国灌溉面积巨大有关，灌溉率约 47%，在灌溉的耕地上生产了全国 70% 的农产品，特别是我国冬小麦主产区，降水根本不能保证小麦生产，没有灌溉就没有小麦生产。尽管我国灌溉技术在不断发展，由大水漫灌到塑料管灌溉，再到喷灌、滴管，我国农业未来缺水总量达到 300 亿 ~400 亿 m^3。

2. 现代农业对生物多样性的影响

为发展农业生产，越来越多的土地被开垦利用，生境破坏、资源过度开发、环境质量恶化和物种入侵是物种多样性丧失的“灾害四重奏”。自然生态系统转变为农业生态系统造成的生境丧失，代表了世界生物多样性丧失的主要驱动力。

农业集约化引起物种丧失主要在于过多氮肥的使用扰乱生态系统的结构，影响已发现物种的数量和种类。英国和美国的研究人员发现，对草场施用氮肥会使那些对氮易起反应的草品种占主导地位，而其他种类会慢慢消失。在英国的实验中，这一效应导致施肥最多的草地上，物种减少了 5 倍左右。过量的氮大大刺激藻类和其他水生植物的生长，当这些植物死亡并腐烂时，可能夺取水中溶解氧，阻碍更多水生生物的生长。另外，水生生态系统中毒藻类逐渐增加，从而导致大量鱼类、海鸟、和海洋哺乳动物的死亡。

此外，农药和其他的农业化学品也能毒害野生动植物和土壤中的微生物，其中，包括许多益鸟、授粉媒介和食肉昆虫。农药和其他的农业化学品也能毒害野生动植物和土壤中的微生物，包括许多益鸟、授粉媒介和食肉昆虫。

在基因多样性方面，全球农业只集中在相当少的几种物种上，从而在比较狭窄的基础上起步。全球 90% 以上的热量摄入仅来自 30 种农作物，仅 120 种农作物在国家范围内具有经济价值。然而，今天的农作物基因多样性趋于减少。现代农作物品种更加单一，这些品种被大面积地单种栽培。全世界范围内，现代作物品种正在取代传统品种，这将导致大量的基因资源丧失，并使大面积种植的单一作物易受害虫和病害的侵袭。1991 年，在所有发展中国家，74% 的耕地种植新品种水稻；1992 年，60% 的耕地种植玉米新品种；1994 年，74% 耕地种植小麦新品种。中国种植新品种的趋势更加明显，1990 年以来，小麦、玉米、水稻三大粮食作物新品种覆盖率已经达到了 100% 。

在现代农业发展的过程中，还用单一种植的种群来取代多样化的生态系统，在世界上 35 万种植物种中，只有 20 多种对我们的食物特别重要。在为首的 18 种食物源中，有 14 种只有来源于显花植物的 2 个科——禾本科和豆科。为首的 14 种作物中有 9 种是禾本科，而且，所有这些作物我们都是利用其种子（甘蔗除外）。因此，优良品种的选育应用和推广，在一定程度上也加速基因多样性的丧失。

由于农业机械化水平的极大提高，作为耕畜的骡、马、牛、驴的数量也日益减少，更多的则多集中于奶牛或肉用牛的饲养，在一定程度上也丧失部分多样性。昔日那种夕阳西下时，牧童赶牛归的景象已不复存在。

3. 现代农业对化石能源的影响

现代农业农业机械、塑料制品、农用薄膜、氮肥等物质投入都靠化石能源，在农业生产过程中，机械耕地、耙地、播种、收获、运输等还要消耗燃油，在农业灌溉、加工过程中，还要消耗电力；冬季日光温室加热还需要消耗煤炭，这些对化石能源带来一定的影响。

第三节 现代农业的发展趋势

随着我国改革开放，越来越多的农民进城务工，特别是“80后”、“90后”青壮年劳动力进城，留守在农村的是妇女、儿童和老人。农民劳动力大量转移到城市；同时，伴随农民经济收入的大增和科技的日新月异以及社会主义新农村的建设，加大了土地流转进城，这些因素的综合作用，促进了我国现代农业格局和模式都发生了天翻地覆的变化，生产技术现代化、生产手段机械化、农业经济管理智能化，使得现代农业最有效地利用自然资源，特别是可更新资源，如阳光、降水等；生产效率最大化，从而提高农业经济效益；最有效地保护环境，促进农业低碳化；最大限度地市场化运作；最大可能地规模化生产；最大可能地运用现代高新技术，促进现代农业新趋势的发展。

一、现代农业发展趋势

（一）由平面式向立体式发展

农业生产中巧用各类作物的“空间差”和“时间差”，进行错落组合，综合搭配，构成多层次、多功能、多途径的高效生产系统。如华北平原“杨上粮下”种植模式（刘巽浩，2005）。

（二）由“自然式”向“车间式”发展

现在多数农业依赖自然条件，“靠天吃饭”。经常遭受自然灾害的袭击，受自然变化的干扰。未来农业生产多“车间”中进行，由现代化设施来武装，玻璃温室和日光温室、植物工厂、气候与灌溉自动测量装备等。在这些设施中进行无土栽培、组织培养等。现在已经有相当部分的农作物有田间移到温室，再有温室专业到具有自控功能的环境室，这样农业就可以全年播种，全年收获了。

（三）由“固定型”向“移动型”发展

在发达国家，出现了一种被称为移动农业的“手提箱和人行道农业”的农业经营方式，形成农民居住地与耕地相分离的格局。人分别在几个地方拥有土地，在耕作和收获季节往往都是一处干完活，提上手提箱再到另一处去干，以期最大限度地提高农具使用率并不误农时。“手提箱和人行道农民”基本上以栽培谷物类为主，谷物类作物一般不需要经常性的管理，就能长得很好。再加上有便利的交通运输工具，优良的农业机械促成了“手提箱和人行道农业”的发展。

（四）由“石油型”向“生态型”发展

根据生态系统内物质循环各能量转化规律建立起来的一个复合型生产结构。如匈牙利最大的“生态农业工厂”是一座玻璃屋顶的庞大建筑物，其地上的作物郁郁葱葱，收获的产品被送进车间加工，其废渣转入饲料车间加工后再送到周围的牛栏、羊舍、猪圈和鸡棚，畜禽粪便则倾入沼气池。这家工厂的全部动力，都来之沼气和太阳能。它可为10万城镇人提供所需要的粮、禽、蛋、奶及菜。

（五）由粗放型向精细型发展

精细农业又叫数字农业或信息农业。精细农业就是指运用数字地球技术，包括各种分辨率的遥感、遥测技术、全球定位系统、计算机网络技术、地球信息技术等技术结合高新技术系统。近年来，精细农业的范围除了耕作业外，还包括精细园艺、精细养殖、精细加工、精细经营与管理，甚至包括农、林、牧、养、加、产、供销等全部领域。

（六）由农场式向公园式发展

农业将由单位经营第一产业到兼营第二产业和第三产业发展。农业将变为可供观光的公园，呈现出一派优美的自然风光，农产品布局美观合理和富有艺术观赏的价值，有人漫步其间，尽尝果品的美味，趣在其中，心旷神怡。如旅游农业等。

（七）由机械化向自动化发展

农业机械给农业注入了极大的活力，带来了巨大的效益。大大地节约了劳动力，促进了城市化进程，也促进了第二产业、第三产业的发展。随着计算机的发展和广泛应用，这些机械将要进一步发展为自动化。发达的农户中约有 50% 拥有个人电脑，美国已有 10% 的农场主使用计算机。今后会有更多智能化机器人将参与农业的管理。

（八）由陆运式向空运式发展

所谓“空运农业”就是利用飞机将各种蔬菜、水果、花卉等从原产地源源不断地空运到大工业城市，满足市民的需要。如日本各地兴建了新机场，在机场附近建起了“空运农业原地”，集中栽种并将产品空运到大城市出售。目前，日本空运货物中有 30% 是蔬菜、水果、花卉等农产品如小葱、芦笋、草莓、鲜蘑菇、西红柿、葡萄、枇杷、菊花、郁金香等。

（九）由“化学化”向“生态化”发展

减少化学物质、农药、植物生长调节剂的使用，转变为依赖生物，依赖生物自身的性能进行调节，使农业生产处于良性生物循环的过程，使人与自然在遵循自然规律的前提下，协调发展。

（十）由单一型向综合型发展

在现代集约种植业中，种植作物比较单一，随着生态农业和有机农业以及旅游农业的发展，使得单一的种植业向种植—养殖—沼气—加工等多位一体发展，发展旅游农业使得一二三产业相结合，农业逐渐从单一的种植业向多业综合发展，延长产业链条，不断提高农业综合效益。

二、现代农业发展发展动力之源

前面已经总结了现代农业发展十大趋势，我国现代农业有的已经完全转变过来了，有的还正在转变。那么促进我国现代农业转变的动力何在?

(一) 农业增效、农民增收的驱动力

众所周知，种植业效益比较低下，像农民原来人工中耕除草，一人天也就锄不到1/15公顷，假设能增产小麦或玉米50kg，按照当前市场价格，仅有100元左右。而现在农民进城务工，同样干一天，工资也有100元以上，且当天就可以拿到工资。而作物能否增收还要看天气。农业生产中人工成本大量增加，导致现在种植效益低下，农业经济效益偏低，迫使农民购买大型农业机械，像谷物联合收割机，这样的大型机械，一天可以收割小麦$7hm^2$以上，原来三夏抢收抢种的繁忙现象已不复存在。随着农产品商品率的提高，有些粮商直接开车到地头，这边麦子刚收获，那边就卖掉了，极大地提高劳动生产效率，降低了劳动强度，农民节约出大量的时间去务工。农民建设日光温室，是为了减少天气对种植业的影响，种植反季节蔬菜、花卉等高价值作物，不断提高种植业的效益。农业增效、农民增收是最直接的驱动力。

(二) 国家惠农政策的拉力

我国自1978年改革开放以来，针对农业出现的问题，中央召开农业工作会议，出台中央一号文件。目的在于解决农业发展中的瓶颈，促进农业顺利发展，确保中国人的饭碗端在中国人的手中，中国人的饭碗装中国人生产的粮食，中国人不但养活中国人，还要养好中国人，保障我国粮食自给率95%以上。

“中央一号文件”原指中共中央每年发的第一份文件。现在已经成为中共中央重视农村问题的专有名词。有关中国农业的第一个中央一号文件是1982年1月1日出台的。《全国农村工作会议纪要》(简称1982年中央一号文件)。突破了传统的“三级所有、队为基础”的体制框框,明确指出包产到户、包干到户或大包干“都是社会主义生产责任制”。这个文件不但肯定了包产到户、包干到户制,而且说明它“不同于合作化以前的小私有的个体经济,而是社会主义农业经济的组成部分。”

此后,中央在1983年、1984年、1985年、1986年,中共中央连续5年发布以农业、农村和农民为主题的中央一号文件,对农村改革和农业发展作出具体部署。时隔18年,中共中央总书记胡锦涛于2003年12月30日签署《中共中央、国务院关于促进农民增加收入若干政策的意见》。中央一号文件再次回归农业。2004—2014年又连续发布以“三农”(农业、农村、农民)为主题的中央一号文件,强调了“三农”问题在中国的社会主义现代化时期“重中之重”的地位。2013年,中央一号文件提出,鼓励和支持承包土地向专业大户、家庭农场、农民合作社流转。其中,“家庭农场”的概念是首次在中央一号文件中出现。2014年,中央一号文件确定,进一步解放思想,稳中求进,改革创新,坚决破除体制机制弊端,坚持农业基础地位不动摇,加快推进农业现代化。中央一号文件,一是强调粮食主产区农民增收和贫困地区农民增收这两个重点和难点。二是从农业内部、农村内部和农村外部这3个层次,提出促进农民扩大就业和增加收入的有关政策。三是从为农民增收创造必要外部条件的角度,提出了开拓农产品市场、增加对农业和农村投入以及深化农村改革的政策措施。四是强调了各级党委、政府和有关部门要切实加强领导、落实政策。特别是2004年中央一号文件不但取消了中国几千年来的农业税,还增加了对农业的多种渠道的直补,不但促进了我国农业的顺利发展,一年跨上一个新台阶,对于确保我国粮食十连增,解决农业增效、农民增收起到巨大的拉动作用。

（三）科技发展的推动力

农业发展一靠物质投入、二靠政策、三靠科技。我们的总设计师邓小平同志指出“科学技术是第一生产力”。

在人类历史上有过4次产业革命。18世纪60年代瓦特等人发明和改进了蒸汽机，标志着人类第一次技术革命的兴起。第二次产业革起始于19世纪40年代，以炼钢技术、铁路运输、有线电信的发展为标志。第三次产业革命始于20世纪初，以电力、化学制品和汽车工业的发展为标志。第四次产业革命发生于当代，以计算机、遗传工程、海洋开发技术。以蒸汽机和内燃机为动力的拖拉机等农业机械的发明与应用，实现了农业机械化。我国农业机械也是从小型向大型逐渐演变过来的，以稻麦收割机为例，从纯粹的收割机向联合收割机发展，劳动生产率提高若干倍。我国平原农区，小麦、水稻和玉米三大粮食作物已基本实现机械化。植物矿物营养学说的创立与发展和化肥、农药制造技术的应用，推动了农业化学化。化肥从单一氮肥向两元、三元等多元肥料发展，其种类从挥发性比较强的氨水和碳酸氢铵向尿素、复合肥、复混肥和控释肥等多种类发展，肥料有效用量得到提高；植物杂种优势理论的创立和杂交技术的应用，培育出大量的作物新品种，促进了作物良种化，也加速了有粮作物品种不断更新换代，品种每更换一次，作物单产水平提高10%左右。河南小麦品种已经更新了10代，河南省小麦依靠科技单产水平10年提高了1 125kg/hm^2（周新保，2005；宋家永，2008；毛景英，2012）。

农田灌溉技术的发展，促进了农业水利化，为农作物高产稳产奠定了基础。农作物标准化、规程化、模式化栽培技术的推广应用，标志着我国作物栽培从经验指导为主转向以科学指导为主，从侧重单项技术转向运用综合栽培技术。总之，农业科学技术在我国粮食增产中起着重要作用。据有关部门统计，在粮食增产诸多因素中，肥料的贡献率为32%，灌溉的贡献率为28%、种子的贡献率为17%，农机的贡献率为13%（谢建昌等，2000）。

（四）市场需求的导向力

我国市场经济体制逐渐形成，农产品转化为经济效益离不开市场，市场是农产品的风向标，只有适应市场需求时，交换才能实现。市场对我国农业生产的影响，自20世纪80年代的卖粮难出现，到2010年以来的“蒜”你狠、“豆”你玩、“姜”军，使得农产品的价格忽高忽低，随时考验我国的种植业和养殖业。受生产条件和经济条件的影响，农产品需求愿望和实际供应量之间总是存在一定的距离。优化资源配置最有效的手段就是“看不见的手”——市场机制，市场通过利益机制的作用，利用价格信号，引导资源向最能发挥效率的部门，从而实现资源优化配置和产业结构创新，最终达到提高效益的目的。因此，市场机制也就催生了订单农业的出现，才能市场出满足市场需求的农产品，形成区域化市场，降低农业生产成本，市场需求是现代农业发展的导向力。

三、不同农业发展思潮对现代农业的影响

（一）第一次农业思潮——绿色革命

“绿色革命”一词，最初只是指一种农业技术推广。20世纪60年代某些西方发达国家将高产谷物品种和农业技术推广到亚洲、非洲和南美洲的部分地区，促使其粮食增产的一项技术改革活动。如“墨西哥小麦”和“菲律宾水稻”等，在某些国家推广后，曾使粮食产量显著增长。此后不久，就逐渐暴露了其局限性，主要是它导致化肥、农药的大量使用和土壤退化。90年代初，又发现其高产谷物中矿物质和维生素含量很低，用作粮食常因维生素和矿物质营养不良而削弱了人们抵御传染病和从事体力

劳动的能力，最终使一个国家的劳动生产率降低，经济的持续发展受阻。由此有人提出了第二次绿色革命的设想。第二次绿色革命是指通过国际社会共同努力，运用以基因工程为核心的现代生物技术，培育既高产又富含营养的动植物新品种以及功能菌种，促使农业生产方式发生革命性变化，在促进农业生产及食品增长的同时，确保环境可持续发展（主要目的在于运用国际力量，为发展中国家培育既高产又富含维生素和矿物质的作物新品种）。迄今已发现一种既高产而又能从贫瘠土地中吸收锌，并将其富集于种子中的小麦种质；一种富含β-胡萝卜素的木薯种质。

第二次绿色革命的显著特点是绿色增长、多元化与可持续，即在增加食品保障与安全，促进农业向多样性、人本化方向发展的同时，促进环境可持续发展。

我国把第二次绿色革命的目标定为少投入、多产出、保护环境。我国杂交水稻品种的成功选育，促进水稻单产水平跃升一个又一个新的台阶。

第一次绿色革命成功地跨越了农民文化素质低，市场不发达和缺乏社会化服务体系等障碍，但这些问题都成为现在农业和粮食生产发展中不可回避的障碍。第二次绿色革命可能造成的负面效应主要是食品安全争议、生命伦理以及生物多样性问题。由于转基因作物种植导致化肥、除草剂等化学物质使用量的减少，被多数认为有益于环境。

（二）第二次农业思潮——替代农业

20 世纪 60 年代以来，首先在发达国家发展起来的这种“高消耗，高消费，高污染”和“先污染后治理，先破坏后整治”的常规发展模式，导致人们片面追求经济的高速增长，而忽视经济系统和社会系统，资源环境系统的协调发展，致使人口剧增，资源过度消耗及贫富差距悬殊，农村两极分化等问题日益突出，成为全球性的重大问题，严重地阻碍着经济的发展和人民生活质量的提高，继而威胁着全人类未来生存和发展。世界许多国家，特别是发展中国家的发展进程表明，这种常规发展观的实施，国民生产总值虽有增长，但人民的实际生活水平和质量却没有得到相应的改善，特别是加剧了经济社会、科学技术发展与资源环境平衡之间的矛盾，加速了资源的过度消耗和环境恶化。在此严峻的形势下，人们不得不重新审视自己的社会经济行为及所走过的历程，摒弃常规的发展观，寻找新的发展道路。

为此西方发达国家进行种种探索，提出了许多农业模式，如生态农业、有机生态农业、日本的自然农法等等。尽管提出农业名目繁多，模式多样，学术界相当热闹，而国际机构和各国政府没有参与，最后以失败而告终。

（三）第三次农业思潮——可持续农业

20 世纪 60 ~ 70 年代，主要替代思潮偏重环境保护；80 年代后，替代思潮逐渐转移到环境与发展主题上。这是人类社会经济高速发展和进步的内在需求。各国已普遍认识到环境的保护与治理，只有放在包括经济和社会发展在内的更大范围内，最终才能得到解决。随着大量环节保护主义代表作的不断出版，环境保护主义运动的浪潮一浪高过一浪，以人类环境会议上发表的“人类环境宣言”为标志，人类社会认识到，我们只有一个地球，环境污染和不断恶化，已经成为制约全社会发展的重大因素，各国必须采取共同行动，保护环境、拯救地球。

1987 年，以挪威首相布伦特兰夫人为首的世界环境与发展委员会向联合国提交的报告《我们共同的未来》，在该报告中提出“可持续发展”的概念，并定义为“既满足当代人的需要，又不损害后代人满足需要的能力的发展”。可持续发展的核心思想是健康的经济发展应建立在生态可持续能力、社会公正和人民积极参与自身发展决策的基础之上。它所追求的目标既要使人类的各种需要得到满足，个人得到充分发展，又要保护资源和生态环境，不对后代人的生存和发展构成威胁。因此，在1992年的里约会议上，将可持续发展作为全人类共同发展战略而得到认可（吴大付等，2008；2010）。

20世纪80年代中期，在可持续发展思潮的影响下，可持续农业首先出现在美国。此后，得到粮农组织的认可。1989年11月，联合国粮农组织第25届大会通过了有关持续农业发展活动的第3/89号决议。1991年4月，联合国粮农组织在荷兰召开了“农业与环境”国际会议，初步提出了可持续农业发展的合作计划。提出了“生产持续性、生态持续性、经济持续性”的含义。生产、经济、生态持续性相辅相承，共同构成了农业持续性发展的整体。其中，生态持续性是生产持续性和经济持续性的基础，没有资源环境的持续，就谈不上生产和经济的长久发展；没有生产及经济上的持续，保护环境资源既毫无意义又不现实；没有生产上的持久，就没有环境及资源上的永续；没有经济上的持续，生产就不可能发展。因此，就农业可持续发展而言，生产、经济和生态持续性同等重要、缺一不可。

绿色革命、替代农业思潮和可持续农业思潮对现代农业带来一系列的冲击，唤醒人们在发展农业和经济的同时，还要保护环境，人类和自然环境和谐相处，才能实现永续发展。

四、现代农业的主要类型

现代农业的发展受到各种因素的制约，特别是农业增效和农民增收的驱动力、国家连续多年“一号文件”的拉力、科技发展的推动力以及市场需求的导向力，综合作用，促进我国现代农业向多元化发展，出现了许多类型。本书中主要选取了最有代表性的类型，就是生态农业、无公害农业、有机农业、旅游农业和循环农业。

（一）生态农业

生态农业是1971年首先由美国密苏里大学土壤学家Willam Alibrecht提出。他认为，通过增加土壤腐殖质，建立良好的土壤条件，就会有良好健康的植株，可用波尔多液防病，少量施用化肥，避免污染环境。1976年英国学者Worthington通过调查，对生态农业提出新的看法，认为生态农业是生态上能够自我维持的、低投入的、经济上有生命力的小型农业系统。1979年Cox指出，发展农业的道路是建立能尽量保留自然生态结构和机能的生产体系，并建立一种尽量利用自然机能和可更新资源的高产农业生态系统，这是生态农业的主要目标（骆世明等，1987；沈亨理，1996）。20世纪70年代以来，越来越多的人注意到，现代农业在给人们带来高效的劳动生产率和丰富的物质产品的同时，也造成了生态危机：土壤侵蚀、化肥和农药用量上升、能源危机加剧、环境污染。为此，各国开始探索农业发展的新途径和新模式。生态农业便是世界各国的选择，为农业发展指明了正确的方向，目的在于改变这种高投入、高产出农业生产模式，减少对环境的污染和破坏。

（二）无公害农业

无公害农业一种没有“公害”的农业生产方式，即农事活动及其产品不对公众的生命、健康、财产安全和生活环境的舒适性以及社会和生活造成危害的一种农业生产方式。该方式通过充分利用自然资源，合理使用生产资料，限制外源污染物进入农业生产系统，确保环境清洁，同时，防止生产和加工方式对环境和产品造成危害或损害，从而保障农产品质量和安全特性以及生产方式符合相关要求和标准。无公害农业是生态效益、社会效益和经济效益相统一的产业，其生产依赖于高新技术，也离不开传统农业技术，还需要较多的劳动力，其产品开发以市场信誉为首要条件，需要科学管理及法律监督作保障，它具有安全性、系统性、生态性、重点性、可操作性和可追溯性等多种特征。同时，它也是对常规农业发展带来的环境破坏、资源浪费和对人体健康的危害进行探索性的、新的农业生产方式的尝试。

（三）有机农业

有机运动始于农业科学家与农夫对于农业工业化的反省。生物化学（氮肥）与工程学（农业机械）在20世纪初期的进展导致了农业的重大改变。耕地规模化，使得耕种变得更专业，讲求有效率地运用机械并收割绿色革命的成果。

有机农业作为专有名词，最早由Lord Northbourne开始使用，1940年在他的著作《看向土地》中，描述了一种整体的、生态平衡的农业模式。英国植物学家，艾伯特·霍华，研究了印度的传统农业模式。他开始认为这种模式比起现代的农业科学更为先进，并在他的1940年的著作《一个农业的试验》中，记录下来这些想法；并于1947年采用了有机农业一词。1924年，德国人鲁道夫·斯坦纳的著作《农业革新的精神基础》中也提出有机农法，但时值工业制造业蓬勃发展，农药和化肥能减少农业生产投入的人力，所以，不被世人所接受。直至1970年代出现能源危机，农地因过度使用农药化肥而产生贫瘠现象，有机农业才受到各国政府所重视。如今原油价格即将突破100美元大关，民众对于环境保护、饮食健康的观念又与日俱增，有机农业逐渐变成世界各主要先进国家的先进观念，并付诸行动。

（四）旅游农业

旅游农业是利用农业景观资源和农业生产条件，发展观光、休闲、旅游的一种新型农业生产经营形态。也是深度开发农业资源潜力，调整农业结构，改善农业环境，增加农民收入的新途径。在综合性的休闲农业区，游客不仅可观光、采果、体验农作、了解农民生活、享受乡土情趣，而且可住宿、度假、游乐。

旅游农业起于19世纪30年代，城市化进程加快，人口激增，为缓解都市生活的压力，人们渴望到农村享受暂时的悠闲与宁静，体验乡村生活。旅游农业作为一种产业，兴起于20世纪30～40年代的意大利、奥地利等国，随后迅速在欧美国家发展起来。目前，日本、美国等发达国家的旅游农业已经进入其发展的最高阶段。而我国的旅游农业发展，不仅可以充分开发农业资源，调整和优化产业结构，延长农业产业链，带动农村运输、餐饮、住宿、商业及其他服务业的发展，促进农村劳动力转移就业，增加农民收入，致富农民，而且可以促进城乡人员、信息、科技、观念的交流，增强城里人对农村、农业的认识和了解，加强城市对农村、农业的支持，实现城乡协调发展。作为一个新兴的产业，虽经过20多年的建设，其发展仍处于起步阶段，特别是随着我国城镇化进程的加快，社会主义新农村的建设，为农民增收、农业增效提供了新的机遇。

（五）循环农业

循环农业就是采用循环生产模式的农业。循环农业是指以生态规律为基础，以资源高效循环利用和生态环境保护为核心，以减量化、再利用、资源化为原则，以低消耗、低排放、高效益为基本特征，建设资源节约型、环境友好型农业，实现农业可持续发展理念的农业发展模式。我国传统农业采用的是一种初级循环生产方式。传统农业是一种“资源—产品—废弃物”的单程线性结构型经济，其显著特征是“两高一低”（即资源的高消费、污染物的高排放、资源利用的低效率）。随着农业社会向工业社会的演变，农业生产方式发生了显著变化。循环农业更强调农业发展的生态效应，通过建立“资源—产品—废弃物再利用或再生产”的循环机制，农业发展和生态平衡的协调以及农业资源的可持续利用，实现“两低一高”（即资源的低消耗、污染物的低排放、资源利用的高效率）的目的。

循环农业强调要把农业经济活动纳入自然生态体系整体考

虑，既强调资源分配效率，又强调资源利用效率和自然生态体系平衡。要把农业资源环境的消耗严格控制在自然生态阈值内，根据环境的自净能力和资源的再生能力从源头上防治污染和浪费；要通过废弃物资源化利用、要素耦合等方式，延伸农业生态链，推进相关产业组合形成产业网络，优化农业系统结构，按照“资源—农产品—农业废弃物—再生资源”的反馈式流程组织农业生产，实现资源利用最大化和环境污染最小化。最终做到物尽其用，实现利润最大化，环境污染最小化。

不管现代农业如何发展，都要遵循着农业基础地位不动摇的原则、产业协调原则、生态位原则、市场约束原则、环保原则、比较优势原则和科技导向原则，这些原则不能丢，否则，我国现代农业发展就会失去方向。

第三章 生态农业

第一节 生态农业的内涵及特征

一、生态农业产生的背景

在第二章中初步谈到一些国外生态农业的起源，生态农业最早于1924年在欧洲兴起，20世纪30～40年代在瑞士、英国、德国、日本等得到发展；60年代欧洲的许多农场转向生态农业，70年代末东南亚地区开始研究生态农业；至90年代，世界各国均有了较大发展。建设生态农业，走可持续发展的道路，已成为世界各国农业发展的共同选择。

生态农业的兴起主要是由于一些发达国家伴随着工业的高速发展，造成了生态危机：土壤侵蚀、化肥和农药用量上升、能源危机加剧、环境污染。由污染导致的环境恶化也达到了前所未有的程度，尤其是美、欧、日一些国家和地区工业污染已直接危及人类的生命与健康。这些国家感到有必要共同行动，加强环境保护以拯救人类赖以生存的地球，确保人类生活质量和经济健康发展，从而掀起了以保护农业生态环境为主的各种替代农业思潮。法国、德国、荷兰等西欧发达国家也相继开展了生态农业运动。日本的生态农业，始于20世纪70年代，其重点是减少农田盐碱化，农业面源污染（农药、化肥），提高农产品品质安全。菲律宾是东南亚地区开展生态农业建设起步较早、发展较快的国家之一，玛雅（Maya）农场是一个具有世界影响的典型，1980年在玛雅农场召开了国际会议，与会者对该生态农场给予高度评价。生态农业的发展在这时期引起了各国的广泛关注，无论是在发展中国家还是发达国家，都认为生态农业是农业可持续发展的重要途径。

20 世纪 90 年代后，特别是进入 21 世纪以来，实施可持续发展战略得到全球的共同响应，可持续农业的地位也得以确立，生态农业作为可持续农业发展的一种实践模式和一支重要力量，进入了一个蓬勃发展的新时期，无论是在规模、速度还是在水平上都有了质的飞跃。如奥地利于 1995 年即实施了支持生态农业发展特别项目，国家提供专门资金鼓励和帮助农场主向生态农业转变。法国也于 1997 年制定并实施了“生态农业发展中期计划”。日本农林水产省已推出“环保型农业”发展计划，于 2001 年 4 月正式执行。发展中国家也已开始绿色食品生产的研究和探索。一些国家为了加速发展生态农业，对进行生态农业系统转换的农场主提供资金资助。美国一些州政府就是这样做的：依阿华州规定，只有生态农场才有资格获得“环境质量激励项目”；明尼苏达州规定，有机农场用于资格认定的费用，州政府可补助 2/3。这一时期，全球生态农业发生了质的变化，即由单一、分散、自发的民间活动转向政府自觉倡导的全球性生产运动。各国大都制定了专门的政策鼓励生态农业的发展。

二、生态农业的内涵

自农业诞生以来，农业与生态学之间就存在着密切关系。我国在秦汉时期就确定了二十四节气，有些节气如惊蛰、谷雨就反映了农作物、昆虫与气候之间的联系。在西方，古希腊哲学家 Theophrastus 不但注意到了气候、土壤与植物生长和病害的关系，而且也注意到了不同地区植物群落的差异（骆世明等，1987）。因此，农业从其开始就与生态学有关。生态学知识在由狩猎、采集转变为固定农业的进程中起着决定性作用（赫荣臻，1987）。

（一）国外生态农业的定义

生态农业是指按照生态学原理和经济学原理，运用现代科学技术成果和现代管理手段，以及传统农业的有效经验建立起来的，能获得较高的经济效益、生态效益和社会效益的现代化高效农业。它要求把发展粮食与多种经济作物生产，发展大田种植与林、牧、副、渔业，发展大农业与第二产业、第三产业结合起来，利用传统农业精华和现代科技成果，通过人工设计生态工程、协调发展与环境之间、资源利用与保护之间的矛盾，形成生态上与经济上两个良性循环，经济、生态、社会三大效益的统一。

（二）生态农业的内涵

生态农业基本内涵要点是“因地制宜利用中国传统农业的精华和现代科学技术，依据整体、协调、循环、再生的原则，运用系统工程方法建立起来的农业生产体系，实现农业生产的高产、优质、高效和持续发展，达到生态与经济系统的良性循环和经济、生态、社会三大效益的统一”。生态农业必须有一个自我维持的系统，千方百计地使能量投入减少到最低限度，一切副产品都要通过再循环，提倡使用降解生物及植物固氮、通过施用有机质、作物轮作以及施用有机肥维持土壤肥力；多种经营一般要包括种植业、养殖业和加工业等产业。在养殖和种植中，要考虑两者之间有适宜的比例关系；单位面积的净生产量必须高产。从一些生态农业模式和生态农场所获得的产量能够被人们所接受；实行生态农业的农场是小型的，应控制投资和增加雇佣人员，提供更多的就业机会，减少人口流入城市；生态农业经济上必须可行；农产品应当在农场内部加工，增加就业机会，降低农产品的价格；生态农业在美学和道德伦理上能够被人接受。（中国农业现代化建设理论、道路与模式研究组，1996）。

三、生态农业的特征

生态农业是生态工程在农业上的应用，它运用生态系统的生物共生和物质循环再生原理，结合系统工程方法和近代科技成就，根据当地自然资源，合理组合农、林、牧、渔、加工等比例，实现经济效益、生态效益和社会效益三结合的农业生产体系。我国生态农业具有的特点：一是通过建立合乎生态原则的生产系统，达到对能源、资源和劳动力的有效运用，解决粮食供应，为农民提供就业机会，从而发展高效农业；二是通过建立更全面的土地利用和规划系统，使发展的程度和速度不至于超越资源的承载能力，自然资源不会消耗过量，保护环境不致退化，确保农业发展的可持续；三是农民收入增加，生活环境得到改善，达到协调发展农村经济的目的。生态农业主要特征有（黄国勤等，2011）。

（一）生物多

生物是农业生产的“机器”，绿色植物是农业生产的“初级生产者”。没有绿色植物“参与”，就不称为农业生产，就没有种植业生产。没有种植业生产就不会有畜牧业生产。据有关资料，生态农业的生物种类和数量是一般生态农业的 2 ~ 3 倍，甚至是 3 ~ 5 倍或更高。

（二）环境佳

发展生态农业的前提和基础是环境优良，只有在环境良好的地方才能发展生态农业；而生态农业的生产过程实际上是农业生态环境改造、改良和优化过程；发展生态农业的结果，应使地力常新壮、生态有改善、环境变优良。总之，发展生态农业，有利于改善和优化生态环境。

（三）结构良

一是物种结构良。组成生态农业的生物种类多、数量丰富。

二是时间结构良。组成生态农业的多种生物结构，在时间（季节）上分布合理，相互“重叠”、“镶嵌”，且往往“1 天当 2 天用”，做到“超额用季、时间”（如间作、混作、套作和复种等）。三是空间结构良。在空间上通过间、混、套作立体种植，多层次利用空间的光、热、气、肥等各种资源，实现立体用光、立体利用资源的目的。四是营养结构良。组成生态农业的生物与生物、生物与环境以及环境因子之间，在营养结构上存在“吃”与“被吃”、“影响”与“被影响”的食物链关系，这种关系使系统的自然资源与社会经济资源得到充分利用，并形成“无废物”、“无污染”的生态农业结构。

（四）功能强

一是具有强大的物质循环、能量流动、信息传递和价值增值功能。二是具有强大的物质生产能力，在同等耕地面积上或同等资源利用条件下，能产出种类更多、数量更高、质量更优的农产品。三是具有强大的抗灾减灾能力和抵御逆境的能力，因此，生态农业稳产效果良好。

（五）质量优

一是安全。生态农业生产出来的农产品均为绿色产品、有机产品，为安全、放心的农产品。二是营养。生态农业生产出来的农产品，不仅安全、放心，而且有很高的营养价值，对改善人们的膳食营养结构非常好。

（六）效益高

一是经济效益高。根据生产实践，生态农业经济效益高于一般生产经济效益 3 ~ 5 倍或 5 ~ 8 倍，有的甚至高达 10 ~ 20 倍。二是社会效益好。生态农业提供的有机产品、绿色产品，深受群众喜爱和社会欢迎。三是生态效益佳。生态农业重视环境保护，强调生物多样性，强调人与自然的和谐相处、协调发展。因此，从长远来讲，发展生态农业有利于实现农业和经济社会的可持续发展。

（七）低排放

当前，全球气候变化已成为过季关注的热点问题。减少 CO_2 温室气体排放，减缓全球气候变暖，已是国内外农业发展模式必须考虑的重要问题之一，也是衡量模式优劣的重要标准之一。生态农业，以资源节约、环境友好、人与自然和谐为主要特征，提倡节肥减药、清洁生产、循环利用。明显是一种典型的低能耗、低污染、低排放的农业发展模式。

（八）可持续

生态农业是一种结构合理、功能强大的农业发展模式；生态农业不仅经济效益高，而且社会效益好、生态效益佳；生态农业生产出来的农产品不仅质量优，而且具有营养保健作用。因此，生态农业是一种综合效益好、深受国内外欢迎、可持续发展的新型现代农业发展模式。

四、当前我国发展生态农业的现实意义

（一）发展生态农业有利于促进农业的可持续发展

生态农业的生产技术有利于防治环境和农产品的污染。因为，生态农业的生产过程要求无污染，所以，生态农业技术无论是栽培技术、施肥技术，还是病虫害防治技术，收获加工技术等都不会对环境造成污染，相反，还会有利于生态环境的保护与改善，有利于农业生产在生态上的可持续性。同时，生态农业生产技术的运用、监控也保证了农产品的安全性。这是生态农产品生产从“土地到餐桌”全程质量控制的必然结果，从而有效地促进了保护生态环境的目的的实现。

（二）发展生态农业有利于加快社会主义新农村的建设

生态农业作为一种生态经济优化的农业经济体系，在指导思想上明确了以经济发展与环境、自然资源的持续承受能力相适

应，在不危及后代需要的前提下寻求满足当代人需求的发展途径，实现经济、生态和社会效益的优化与统一，这一指导思想与新农村建设的目标要求相适应。建设新农村的目标要求是“生产发展、生活宽裕、乡风文明、村容整洁、管理民主”，彼此之间是互相促进、相辅相成的，统筹发展这五项要求才能建设好新农村。通过生态农业建设，有助于调整农业生产结构，改变农业增产的单一方式，优化农业生产布局，推进农业产业化经营，提高农业综合生产能力，发展高产、优质、高效、生态、安全农业，促进农业和农村经济发展，增加农民收入，改善农业和农村生态环境，推进乡风文明建设，为加速社会主义新农村建设奠定雄厚的物质基础基础。因此，发展生态农业体现了社会主义新农村建设的本质要求，是增强社会主义新农村建设发展能力的根本途径，也是建设社会主义新农村必须要走生态农业的道路。

（三）发展生态农业有利于实现经济、社会和环境的和谐发展

在科学发展观的指导下，建立人与自然和谐发展的有效机制，重视节约资源、保护环境、大力发展循环经济，建设节约型社会，是今后更好地推动经济社会发展的战略指导。我国农村经过30年的改革开放发生了巨大变化，然而农村存在诸多不和谐的因素，土地资源相对短缺，耕地面积在不断减少，而人口还继续增加。到2030年前后，中国人口将达到16亿，农村剩余劳动力的转移已成为农村可持续发展的障碍。解决好“三农”问题是建设社会主义和谐社会的关键，其重点、难点和焦点也都在农村。当前，我国农业的健康发展，如何体现科学发展观的要求，而大力发展循环经济，发展生态农业无疑是一条很好的途径。生态农业坚持以科学发展观为指导，以人为本，因地制宜，合理规划，稳步实施，建设有利于高效利用资源、减少废弃物排放造成的污染，有利于改善生态环境，实现农产品的清洁生产和无害

化，保障人们的身体健康。建设生态农业对于协调经济发展和资源利用、加强环境保护、统筹人与自然和谐发展、促进社会全面进步有着非常重要的现实意义。

五、中国生态农业发展趋势

随着新时期经济社会的发展与资源环境瓶颈，为实现农业可持续发展的目标，当前中国生态农业应继续创新，适应社会经济发展的新形势，努力实现以下几个方向的突破（李文华等，2010）。

（一）从农产品的多级利用和内部循环转向多产业开放性的生态农业

中国的生态农业强调通过不同工艺流程间的横向耦合及资源共享，建立农业生态系统的“食物链”和“食物网”，以实现物质的再生循环和分层利用，去除一些内源和外源的污染物，达到变污染负效益为资源正效益的目的。当前，中国生态农业主要利用农业产业内部模块之间的有机链接关系来实现物质的循环利用，并取得了巨大的成绩。生态农业应逐步改变自给性生产理念，而转向与工业有机地结合，以农产品加工为纽带，一头连接市场，一头连接生产和流通领域，实行产加销一体化的一、二、三产业网络型链条。集生产、流通、消费、回收，构建产业化的种养加工及废弃物还田的食物链网结构，有效利用资源、信息、设施和劳力，形成良性“循环经济”结构框架。

（二）从以追求产量为主转向多功能农业

中国的生态农业注重采取不同农业生产工艺流程间的横向耦合，达到提高产品产量的目标。例如通过物种多样性来减轻农作物病虫害的危害，提高作物产量。研究表明，水稻品种多样性混合间作与单作优质稻相比，对稻瘟病的防效达 81.1% ~98.6%，减少农药使用量 60% 以上，增产 630 ~ 1 040kg/hm^2；调查结果表明，由于多样化产品产出，稻鱼共作的净收入比常规单作高2 144 元/hm^2。生态农业的发展，应强调经济、生态与社会效益的全面提高，突破单一狭隘的产业限制，通过多种物质产品的提供来满足消费者的需求；通过系统中有机物质的循环，产生较高的经济效益和环境效益；同时，还应将农村人民的脱贫致富和农村劳动力的就业安排摆在重要位置。

（三）从以传统知识的继承为主走向传统精华与现代技术的融合

中国的生态农业重视对传统知识的传承，不仅要求继续和发扬传统农业技术的精华，注意吸收现代科学技术，而且要求对整个农业技术体系进行生态优化，并通过一系列典型生态工程模式将技术集成，发挥技术综合优势，从而为我国传统农业向现代化农业的健康过渡，提供了基本的生态框架和技术雏形。

当前的生态农业侧重于挖掘传统农业技术精华，强调农业废弃物资源化利用，结合农村能源综合建设，以沼气为纽带的生态农业示范户较多；种植业提倡立体种植，强调多种经营，提高土地生产力；注重大农业系统的农、林、牧、渔等各业的有效综合。

生态农业技术开发的重点是加大高科技含量。为完善与健全“植物生产、动物转化与微生物还原”的良性循环的农业生态系统，开发、研究以微生物技术为主要内容的接口技术；运用系统工程方法科学合理地优化组装各种现代生产技术；通过规范农业生产行为，保证农业生产过程中不破坏农业生态环境，不断改善农产品质量，实现不同区域农业可持续发展目标。其中，在寻求生态经济协调发展且有市场竞争力主导产业的同时，建立新型生产及生态保育技术体系和技术规范，环境与产品质量保证控制监测体系，建立与完善区域及宏观调控管理体系，形成农业可持续发展的网络型生态农业产业。

（四）从关注数量走向数量与质量并重

在长期生产实践中创造和积累的传统技术、知识和经验以及民间艺术、传统宗教文化，对于提高食品质量和保证食品安全有一定的价值。生态农业的理念重视在源头尽量缓解化肥、农药、畜禽粪便等污染土壤和水的可能性，其在生态关系调整、系统结构功能整合等方面的微妙设计，利用各个组分的互利共生关系，使其在发展高品质农产品时具有天生的优势。

（五）从着眼生产环节为主转向规模化

随着市场经济的发展，由于生产规模小、分散化程度高，生产方式和技术不能适应市场多样化的要求等，小农经济与大市场之间的矛盾越来越突出，产业化成为生态农业发展的重要内容和发展趋势。生态农业产业化应以人与自然和谐发展为目标，以市场需求为导向，依托本地生态资源，实行区域化布局、专业化生产、规模化建设、系列化加工、一体化经营、社会化服务、企业化管理，寻求农业生产、经济发展与环境保护相协调的道路。总的看来，中国生态农业产业化有所发展，但仍处于一个低水平和初级阶段。农业产业的发展环境相当薄弱，农业企业、农村经济、农民素质、基础设施以及产业意识还有待于提高和完善。对中国生态农业发展中正反两方面的经验，进行总结分析，寻求发展与突破的基本思路是放眼国际市场、明晰产品标准、立足区域特色、发挥品牌效应、规范基地生产、拓展增值加工、提升竞争能力。

（六）从简单的农业生产转向文化传承与农村可持续发展

文化传承的重点在于发掘并保护农业文化遗产。首先，应在全国范围内开展农业遗产和非物质文化遗产的抢救性发掘工作，以村落作为农业遗产的主体，全面展示传统工艺、传统技术、传统生活；其次，强化保护，积极利用。保护需要一个动力机制，这个动力机制的根本是一个新型的利益机制，才能把农民的积极性调动起来，保护才能落实到底。文化遗产的保护和利用必然是紧密相关的，保护要和市场的发展结合在一起，适度集中，进行体系分工，挖掘扩大市场，生成可获得经济效益的价值，从而又促进遗产的保护，形成良性循环。总之，传承传统文化是为了创造新的农业文明，重点是通过市场需求，通过差异性的规划，通过创造性的策划，将文化农业作为持续性、永续性的事业发展起来。

我国的生态农业既是农业发展的一种战略决策，也是一种农村地区可持续发展模式。它既包含构建不同类型、适应当地生态经济条件的生态经济系统、生产组分及动植物种群结构，也包括集成的生态技术和相应的管理模式。

中国的生态农业植根于中国的文化传统和长期的实践经验，结合了中国的自然—社会—经济条件，符合生态学和生态经济学的基本理论，为解决中国农业发展面临的问题提供了一条符合可持续发展的道路。中国的生态农业，从无到有，起步于农户，试点示范于村、乡、镇、县，重点发展县域生态农业建设，走出了一条快速、健康发展的道路。

第二节　生态农业的理论基础

一、生物与环境协同进化原理

在生态系统中，生物与环境是一个相互作用的统一体。环境影响生物，生物亦影响环境。受生物影响而发生变化的环境，反过来又影响生物。使两者处于不断的相互影响和相互协调的进化之中，这就是生物与环境的协调进化原理。

生态农业遵循这一原理，可因地制宜、合理进行作物布局，用养结合，保证环境资源的永续利用。在实践运用该原理时，一要根据地域生态环境条件，安排生态适应性好的物种，获得比较高的生产力；二要注重生态环境的保护。否则，环境破坏使得生态平衡失调，如土壤退化、水土流失等，农业生产力降低以至衰退。

二、生物种群相生相克原理

相生相克是指一种植物通过向环境释放某些化学物质，在其周围形成一个微环境区域，从而抑制或促进该区域内其他植物生长的现象，也称为生化他感或化学交感。生态系统中的生物之间，通过食物营养关系相互依存，相互制约。因食物链的量比关系，促使相邻的营养级上的生物，其个体数目、生物量或能量都有一定的量比关系。

生态农业常常以农牧结合为农业生态系统结构的核心，首先，要调整农牧之间的营养关系，寻求种植业与养殖业之间的物质供给平衡。其次，在生态农业系统的构建中，要应用各种生物种群的相生相克原理，组建合理高效的复合生态系统，在有限的空间、时间内容纳更多的物种，生产出更多的农产品。

三、能量多级利用与物质循环再生原理

生态系统中的食物链既是能量传递链，也是一条物质循环转换链，还是一条价值增值链。在生态系统中，能量沿着食物链传递具有“十分之一定律”，因此，食物链越短，结构越简单，净生产力就越高。

在构建农业生态系统结构时，就要设计合理的食物链，系统中的物质分层分级利用，使得光合产物转化增值，还要做到废弃物资源化，达到物尽其用。生态农业要尽可能适量或较少的外部物质投入，通过立体种植及选取自然归还率较高的作物，采用合理的轮作技术，增施有机肥等建立良性的物质循环体系，注重物

质再生利用，使养分尽可能在系统中反复循环利用，提高营养物质的转化和利用效率。

四、结构稳定性与功能协调性原理

农业生态系统是一个开放的半人工生态系统，为了保证系统合理的输入和输出，就必须建立协调的物质输入和输出关系。在农业生产中，若某一物质投入量过大，就可能在生态系统中产生滞留并带来结构的非稳定态；反之，若物质输出量过大而输入不足，就可能使生态系统的资源耗竭，导致系统崩溃。

当前我国农业生产中就出现了化肥投入大或超量，有机肥投入不足，带来良种后果。一是导致农业对化肥的依赖，化肥用量越来越高；二是我国大量的作物秸秆和畜禽粪便被浪费掉，加剧了农业面源污染，而在麦收和秋收季节，大量的秸秆被焚烧，污染大气，导致雾霾天气增加，还会影响交通。在生态农业中要注重农区作物秸秆的综合利用。

五、生态位原理

生态位（niche）是生态学中一个基本的概念。由 J. Grinnel（1917，1924，1928）提出，最初是用于研究生物物种间竞争关系中产生的，该原理的内容主要指在生物群落或生态系统中，每一个物种都拥有自己的角色和地位，即占据一定的空间，发挥一定的功能。自然生态系统中的物种或种群首先只有生活在适宜的微环境中才能得以延续，随着有机体的发育，它们能改变生态位。生态位理论表明：在同一生境中不存在两个生态完全相同的物种；在一个稳定的群落中，没有任何两个物种是直接竞争者，不同或相似物种必然进行空间、时间、营养或年龄等生态位的分异和分离；群落是一个生态位分化了的系统，物种在生态位直接常常会发生不同程度的重叠现象，只有生态位上差异较大的物种，竞争才能缓和，物种之间趋向于相互补充，而不是直接竞争。

农业生态系统中的生态位丰富、充实，有利于系统组分多样化，生态系统稳定性强、生产力高。而实际的农业生态系统中，常常存在许多空白生态位，应由人工去填补占位，这种人工填补占位能否成功，主要取决于人们对物种的生态条件及其周围关系认知的程度。

六、整体效应原理

生态系统具有系统功能的整合特性，整体功能大于各个组成部分功能之和。农业生态系统内能量流、物质流、信息流和价值流不断进行着转化、传递、交换以及各种补偿活动，各组分间还进行着正、负反馈作用。促使这一系统的整体纳入良性循环的轨道，是人们决策的目标和控制的方向。农业生态系统的整体功能高，既能流转化效率高、物流的循环规模大、信息流的传递通畅、价值流的增值显著，还意味着该系统的稳定性高。

七、食物链原理

生态系统中贮存于有机物中的化学能在生态系统中层层传导，通俗地讲，是各种生物通过一系列吃与被吃的关系彼此联系起来的序列，被称为食物链。各种生物以其独特的方式获得生存、生长、繁殖所需的能量，生产者所固定的能量和物质通过一系列取食的关系在生物间进行传递，如食草动物取食植物，食肉动物捕食食草动物，这种不同生物间通过食物而形成的链锁式单向联系称为食物链。不同食物链交织在一起就构成食物网。这两个是生态学重要的原理，正是这种食物链关系使得生态系统维持着动态平衡。在生态果园养鸡或鸭，通过鸡或鸭吃虫，不用农药，减少对环境的污染。

八、生态效益、社会效益和经济效益统一原理

农业是人类的一种经济活动，生态农业概莫能外，其目的是为了增加产出和增加经济收入。在生态经济系统中，经济效益与生态效益具有多重关系。既有同步关系，又有异步关系。当两者同步时，经济效益与生态效益自然而然就可以协调；当两者异步时，既要有重点，又不可偏废，相辅相成。因此，在生态农业中，为了获得高生态效益的同时，求得较高经济效益。

第三节 生态农业的类型、模式及其技术体系

一、生态农业的类型

（一）生态农业类型的含义

所谓类型就是由各个特殊的事物或现象抽出来的共同点，具有共同特征的事物所形成的种类。

（二）生态农业类型分类的依据

1. 农业生态系统结构是分类的首要依据

对于生态系统而言，生态系统的结构决定其功能。生态系统的结构由组分、各组分空间排列和出现的时间顺序、各组分之间的联系方式及其所具有的特征来决定。农业生态系统的功能是通过结构来实现的。

2. 社会经济条件和地理因素是分类的重要依据

农业生产与社会经济条件、交通区位、地理位置、自然资源、自然环境和人工环境等因子密切相关。其中，最主要的影响因子是人，因此，在对生态农业分类时，社会经济、地理因素等诸多因子必须要加以考虑，且是分类的重要依据。

3. 资源利用程度是分类不可缺少的依据

在农业所有资源中，土地、淡水越来越成为稀缺资源，因此，土地集约利用、水资源的高效利用程度是生态农业分类不可缺少的依据。

4. 主产品或主业为生态农业分类不可或缺的依据

以单一主产品（粮食、蔬菜、肉蛋奶等）为优势的生态产业，如种植业类型、林果业类型；两个或两个以上主产业的生态农业，如农牧结合的生态农业类型。

5. 技术因素为生态农业分类的依据

生态农业是以现代科技为支撑的技术和资本密集型产业。现代科技提高了农业生产要素质量、农业生产结构和资源配置方式，成为现代农业发展的重要推动力量。科技一方面物化了现代生产的物质资料；另一方面提高了人们的技术素质、管理水平等，因此，在对生态农业进行分类时，技术因子是一个不容忽视的分类依据之一。

6. 生态农业的复合度

在一个生态农业中，有两种或两种以上组分构成，就形成了一个复合生态系统。复合度就是在一定单位土地面积或单位耕地面积上，不同作物组分所占的面积的比值或不同组分产值之间的比例。对于种植类型生态农业，某一作物所占面积越大，则该作物在该生态农业中所处地位越重要。复合度主要是用其他作物所占面积与粮食作物所占面积的比值。若复合度小于1，粮食作物播种面积大于其他作物，以粮食作物为主；复合度等于1，两者同等重要；复合度大于1，以其他作物为主。

（三）生态农业的分类原则

生态农业的分类要以生态农业系统的结构、功能、特征和所依据的主要生态经济学原理作为主体，强调系统结构的整体优化和功能的高效持续，挖掘内部潜力注重因地制宜发展生产。

1. 层次性原则

生态农业具有系统性，因此，在对生态农业分类时要按照一定的标准划分若干等级，形成一个有机联系、层次分明的分类体系。

2. 简明性原则

分类本身又不能过于复杂，简单明了、易于推广；同时，还要尽量与传统方法和习惯用法相吻合，以免产生歧义。

3. 区域性原则

不同区域都有不同的自然环境、地形地貌和社会、经济、技术条件等，充分考虑到这种差异性，才能显示生态农业的区域特征，增强分类的地域直观性。如山区、丘陵和平原之间，生态农业就是因地理条件的不同，造成较大的差异。

4. 实用性原则

对于生态农业的分类，并不是分类系统越复杂越好，只要能够将一个区域生态农业存在情况反映出来，同时，便于操作就好，否则，就起不到分类指导作用。

(四) 生态农业的类型划分

有关生态农业的类型分类研究有较多的著述（沈亨理，1996；孙鸿良，1996；骆世明等，1987）。根据调查，并综合已掌握的有关资料，依据科学性、实用性、简洁性和主导性原则，将生态农业划分为以下 8 种类型。

1. 立体利用型

全方位立体利用土地资源是生态农业增产增效的基础，也是基本的有效模式之一。如四川省的“山顶松树戴帽，山间果竹缠腰，山下水稻鱼跃，田间种桑放哨”；广东省的“山顶种树种草，山腰种茶种药，山下养鱼放牧”；江西省“顶林腰果谷农塘鱼”；河北省的“松槐帽，干果腰，水果脚”等。这些立体型生态农业模式，由于简单直观、操作方便、实践效果显著，受到广大农民欢迎。

2. 生物共生型

利用生物之间共生、互利、双赢的关系，将不同生态位、不同生长发育特性的生物组合在一起，形成结构上互补、功能上互惠、效益上互利的复合生态系统。这种生态系统可以大幅提高系统的物质循环、能量流动速率和效率，提升系统的整体功能。当前，生产上常见的生物共生型生态农业模式有：稻田养鱼、稻鸭共栖、稻—萍—渔复合系统、棉田养鸡、枣粮间作、果药复合、林蛙共生等。

3. 多业结合型

多业结合型生态农业模式，就是将农、林、牧、副、渔“五业”有机地结合起来，形成“结构合理、功能完善、资源利用充分、系统效益全面”的高效良性循环系统，这是实现农业可持续发展的重要模式和基本途径。如中国南方各地广泛存在的种稻养猪、种草养牛（养兔、养鹅）、种植饲料作物（大豆、甘薯、玉米等）发展畜牧业等“农牧”结合模式。

4. 产业延伸型

生态农业，作为现代农业发展的重要模式之一，也必然强调“高值”。将农业生产中的主产品或副主品进行加工增值，尤其是进行多层次的精加工、深加工，尽可能地延伸产业链条，努力实现生产的产业化，促进产、加、销、贸一体化。这一产业延伸型的生态农业模式，将极大地增加农业产业的整体效益，真正实现农业的“高值”、“高效”。

5. 科技带动型

科学技术是第一生产力，现代农业的发展离不开科学技术进步。同样，生态农业的发展，必然是科技成果的转化和应用，是科技进步的必然结果。如上海市近年来大力推广“科技化＋生态技术”的科技带动型生态农业模式；同时，大力加强建设农业标准化示范区或标准化生产基地，已建有农业标准化生产基地1 400多个，示范面积达到66.7万hm^2以上；并大力建设生态农业产业园区，如崇明前卫村、孙桥生态农业产业园区等，极大地提高了农业效益，促进了现代农业的快速发展，加快了农业现代化进程。

6. 环境整治型

当前，优质安全的“生态食品”（主要指无公害食品、绿色食品、有机食品）已受到国内外的广泛青睐，并逐渐成为人们食品消费的首选。然而，要生产出这些优质安全的生态食品，首先要求有良好的生态环境条件。良好的生态环境条件来源于两个方面：一是加强生态建设，植树、种草、养花等，不断提高森林、植被覆盖率，改善、优化、美化生态环境；二是对已经遭到破坏或受到污染的生态环境，进行综合整治，恢复、重建良好的生态环境。近年来，由于工业化、城市化、城镇化速度加快，中国许多地方的生态遭到破坏、环境受到污染，对生产优质安全的生态产品非常不利。为了生产出优质、安全农产品，满足人民的需求，各地十分重视生态建设和环境治理，大力推进环境整治型生态农业的发展。

7. 资源再生型

按照生态学的“熵增定律”，在农业生产过程中，农业生态系统中的“熵值”必然不断增加，包括系统排出的废气、废液、废渣以及各种副产品、废弃物、污染物等。无论种类或数量增加与否，如不及时处理，将势必影响系统的结构和功能，损害整个生态系统，并进而影响人类生存环境，危及人类健康。如按照生态学的“物质循环、能量流动”规律，及时对上述“废物”进行处理和再利用，发展资源再生型生态农业模式，将极大地改变这种状况。

8. 休闲观光型

现代农业已从单一提供农产品的传统农业，向着提供农产品和休闲观光旅游等多种功能服务的生态农业发展。这种休闲观光型生态农业是现代农业发展的新方向、新模式。

二、生态农业的模式

根据上述类型划分，归纳出生态农业主要模式（孙鸿良，1996）。

（一）稻田动、植物共生模式

垄稻沟鱼模式是指垄沟相间，垄上种稻，沟中养鱼，田、沟面积比为 4 ：6。可收稻谷 9 000kg/hm^2，成鱼 1 500kg/hm^2。稻田养鱼是我国传统农业技术的净化，在纪录片《舌尖上的中国》中大加推崇，同时，利用鱼、米等食料，烹饪出了中国的美味佳肴。

动、植物共生模式是运用了生态学上共生互惠原理，在自然生态系统中就有多种生物共生互惠的现象，这是长期自然选择的结果。在农业生态系统中通过人工诱导可以激发多生物种群间的多种共生互利关系，加强了物质内循环作用，降低了外部能量、物质的投入，不仅降低成本，还能提高的生态效益。鱼食稻虫，鱼粪肥田，鱼疏通稻田空气与物质，稻为鱼提供了杂草与害虫的饵料及栖息场所。稻与其他小动物也一样具有某种特定的互惠关系，稻与鱼（小动物）双丰收，还培肥了土壤，消灭了害虫，大大减少化肥农药的投入，防止了污染源的流入。

（二）农林间作或混林农业模式

枣粮间作模式。在河北省共有 49. 8 万 hm^2, 以沧县金丝小枣与小麦间作为例，小枣面积占耕地 13. 6%，而小枣收入却占农业总收入的 64. 8%。尤其是在干旱年份小麦大幅度减产情况下，小枣起到一定补偿作用。小枣还有一定耐盐能力，起到改土作用。一般小枣产量 7 500kg/hm^2，小枣占地后，小麦单位面积产量虽略有减少，但产值提高 60% 以上。这种模式在河南省的新郑、内黄、浚县等地也有一定面积的种植。同时，还有长葛市和兰考县的农桐间作、河南全省比较普遍的杨上粮下间作模式等。

（三）多种多收的时间结构优化模式

该模式是对时间资源充分利用的多种模式，以河南省扶沟县的“六种六收”田为例，6 种作物即粮食作物小麦和玉米，经济作物西瓜、菠菜（芫姜、蒜苗）、豆角、晚菜椒（或晚番茄）等瓜菜。一年四季将粮食、经济作物进行多层次间作套种，利用各作物之间的生长时间差及对养分的要求差进行合理配置，促进 6 种作物皆生长良好，互不影响，以达到提高土地生产率的目的。又如河北省以早熟小麦套种中晚熟玉米为主的良种配套体系，能实现全年高产、周期稳产，两茬耕地产量为 13.5 ~ 15t/hm^2，节约用工 30%，肥、水利用提高 30% 左右。

（四）多层高效的空间结构优化模式

大田作物按地形划带立体种植与同一田块内多作物多层立体种植的模式，已普遍在各地可见，这是对空间资源充分利用所致。该模式运用了生态学上山地垂直气候分带概念及农田多种群相居而安的原理，相居而安不一定互惠，而是不同生物要求的环境条件不同，各占自已特有的生态位。作物种群多层立体结构就是人工模拟群落学上相居而安的原理而配置的生物群落，其可以更充分地利用光照温度等资源，在单位面积上生产更多产品。应当指出，在实践中，上述时间结构与空间结构模式常常交叉一起运用，其生态经济效益也就更高。

（五）基塘结合大循环模式

基塘系统在我国古代 10 世纪时已开始建立，以桑基鱼塘为基础，后又建成蔗基鱼塘、稻基鱼塘、花基鱼塘等。桑基鱼塘是综合养鱼的特殊类型，主要分布于江浙一带，鱼池基面上种桑，桑叶养蚕，蚕粪肥池和供鱼饲食，蚕蛹是鱼的上乘动物蛋白饲料，塘泥是桑树的良好优质肥料，桑田内可种菜和其他植物性饲料，组成一个完整的良性循环系统。桑叶和菜是鱼的饲料，产青饲料45t/hm^2，可产鱼2 100kg/hm^2；蚕蛹及吃剩的桑叶等又是间接饲料，如桑田产桑叶30～37.5t/hm^2，可产蚕粪18t/hm^2，作为鱼的饲料和肥料，可产鱼2 250kg/hm^2，蚕蛹是优质鱼用动物蛋白，桑叶养蚕产的蚕蛹1 950kg/hm^2，可产鱼1 200kg/hm^2。桑基鱼塘鱼池和桑田面积为1∶1时，桑基提供的饲肥料可净产鱼6 000kg/hm^2。

与此类似的还有鱼—农、鱼—畜、禽等基塘形式，如鱼—农结合模式，即水下养鱼，水面养水生植物如水葫芦，岸边种植陆生植物，如蔬菜、陆生草类作为养鱼饲料。在池塘的四周池坡空地上作为饲料地，一般约占池塘面积的1/2。

（六）生物能多层次循环再生模式

各地农户正在实行的鸡—猪—沼—鱼模式使生物能得到了多层次利用，形成了低投入高效益的农业。在猪鸡比为1∶10的条件下，利用发酵鸡粪和新鲜鸡粪喂猪比对照组的平均日增重增加121g和96g，分别提高20.2%和16.2%，利用鸡粪喂猪使猪的胴体瘦肉率提高2%～4%。鸡粪喂猪可以减少饲料消耗、降低饲料成本。这种生物能多层次利用，是运用了生态学上食物链原理及物质循环再生原理，在自然生态系统中生产者、消费者与还原者组成了平衡的关系，因此，系统稳定，周而复始循环不已。农业生态系统中由于其强烈的开放性，消费者大多成为第二生产者，还原者因条件不正常而受到抑制，常使三者组成的关系失调，因此，首先要在食物链关系上协调营养平衡关系。生态农业常以农牧结合为核心也就首先要求其间营养关系得到调整，不仅要求常规饲料与畜禽需求之间的供需平衡，而且要通过第二生产者的作用找寻再生饲料来源，上述鸡粪、沼气渣也就是再生饲料来源。

（七）庭院立体经营模式

农家庭院常有相当于房屋占地好几倍的宅基地，近年许多农民利用庭院搞“水陆空”立体经营。其特点是宅旁池塘（河沟）养鱼、繁殖蚌珠和圈养鸭、鹅，塘边（沟边）种植牵蔓性葡萄和瓜类，向水面延伸和空间发展，并在葡萄或瓜架下圈养蛋鸡、肉鸡等，充分利用每一寸土地、水面和空间。开发庭院经济能充分利用宅基地资源，其特点是面积小、生境条件不一，特别是光照上的差异，劳力投入方便，有机肥源充分等，易于形成劳力密集型与技术密集型相结合的农副业。随着大量的青壮年农民进城和新型农村社区建设，大量的农民被赶上楼，这种模式日益减少，而楼顶立体经营模式会越来越多。

（八）多样性、有序性增强抗灾力的模式

在自然生态系统中，生物的多样性、有序性常能维持系统稳定发展，从而表现较强的抗灾力。农业生态系统是人工模拟自然生态系统所建立的半人工生态系统，人在该系统中既是参与者又是主宰者。由于人所塑造的农业生态系统中往往种群单一化，致使抗灾能力削弱，特别是损害了天敌食物链的关系而使病虫害猖獗，因此，只有强调农业生物种群的多样性、有序性，才能自然而然地控制病虫害的发生，同时也减缓因滥用化学农药所引起的环境污染。如地处太行山腹地的山西省盂县北部 8 个乡镇在山坡、丘陵、河滩上围坝筑堤，植树种粮，形成了核桃—花椒—小麦间作的立体农业。经此改造后的梯田较之单纯植树、种粮的经济效益成倍增长，生态环境处于良性循环之中。现在实行的在核桃树下种植小麦等低矮作物，或在核桃树冠外缘间种花椒树的种植方式，改变了以往核桃树下杂草丛生的荒芜生境，破坏了举肢蛾越冬茧的栖息环境。举肢蛾主要在树冠下近地面 5cm 的土层内越冬，实行耕翻土地等农业措施，无形中又为核桃的生长创造了良好的生态条件。由于在核桃树的生态系统中增加了1~2种植物，解决了以前必须施用杀虫剂才能解决的问题，使脆弱的生态系统渐趋平稳。在这种三元组合的立体结构中，好果率由过去的30%提高到83.7%，每株平均增产5~10kg核桃，此外还可收获花椒和小麦。各种天敌的数量较之单元种植提高了50%以上，三者立体间作，为丰富天敌种群创造了适宜的生态环境，改变了系统中昆虫种群的结构，基本控制了举肢蛾。而且立体间作较之单元种植减少了农药防治次数，减轻了农药污染带来的环境恶化，促使生态系统良性循环。

三、生态农业的技术体系

根据生态农业类型、模式对技术的要求，生态农业技术可归纳为：

（一）资源节约技术

资源节约是高效生态农业的基础。资源节约技术，主要包括：节地技术。如采用传统农业的间、混、套作技术；节水技术。采用滴灌、渗灌、管灌技术等；节肥技术。采用测土配方施肥技术、平衡施肥技术、专用肥技术等；节能技术。采用少耕、免耕技术等。

（二）水肥调控技术

土壤中的热、水、气、肥等肥力因素之间相互联系、相互影响。在农业生产，尤其是高效生态农业生产过程中，正确处理水肥间的关系，对促进作物生长、提高产量和效益具有重要作用。

（三）生物养地技术

持续维持、提高土壤肥力，对于持续提高作物产量至关重要。农业生产必须实行用地与养地相结合，才能做到“地力常新、肥力常高”。提高地力、培养肥力有很多途径、方法和技术，而实行生物养地则是既经济又环保的高效养地技术。生物养地技术，作为高效生态农业中的重要技术之一，特别强调：种植绿肥作物养地，种植紫云英、肥田萝卜等；种植豆科作物固氮，如种植大豆、花生、绿豆、豇豆、蚕豆、豌豆等，通过生物固氮，可增加土壤氮素含量；通过作物轮作和合理的间混套作等，均可起到养地的作用，此外，还可以克服我国目前农业对化肥的依赖症。

（四）防灾减灾技术

一是发展避洪农业，减轻洪涝灾害危害；二是发展抗旱避旱农业，提高旱地农业生产力；三是改善农田水利基本条件，提高农业防洪抗旱能力；四是实行生物防治、生态减灾，防治农田作物病、虫、草、鼠害；五是增加农业投入，提高农业防灾、减灾和可持续发展能力。

（五）综合利用技术

中国农业资源丰富，但由于利用方式单一，资源利用率总体不高，存在浪费大、效益差的问题。如果能走资源综合利用的路子，则可大幅度提高资源利用率和农业生态经济效益。发展高效生态农业，就是要大力推广资源综合利用技术。就作物秸秆资源利用而言，如果实行综合利用，则可将作物秸秆资源作肥料、饲料、燃料、能源、工业原料，还可提炼药用成分等。如果以棉籽的综合利用为例，棉籽油可制备生物柴油，利用棉籽可制备高附加值产品棉酚、棉子糖、维生素 E、木糖醇等。

（六）水土保持技术

中国是世界上水土流失严重的国家之一。发展高效生态农业，必须重视和推广水土保持技术。目前，水土保持技术主要有：一是生物措施，在水土流失区多种草栽树，种植生物篱，以增加地面覆盖减少水土流失；二是耕作措施，如改顺坡耕作为等高耕作，还可实行作物带状间作，实行保护性耕作；三是工程措施，如实行坡面治理工程、沟道筑坝工程等。

（七）结构调整技术

结构决定功能，农业结构如何，直接决定农业的功能与效益。发展高效生态农业，必须高度重视农业结构调整，尤其是在中国已进入“十二五”开局之年，经济发展方式转变已成为“主线”的大背景下，农业结构调整已成为高效生态农业的重要内容和关键技术之一。具体来说，农业结构调整技术包括：一是调优，就是要将优质安全的农作物种类和品种调整过来，扩大面积、提高产量，满足人们需求；二是调绿，要大力发展绿色、环保、低碳的农业产业，生产出无公害产品、绿色产品、有机产品；三是调特，各地要因地制宜，大力发展特色农业、生产特色产品、形成特色品牌、产生“特有”效益；四是调高，加大农业科技成果推广力度，提高农业科技贡献率，提高农产品附加值，提高农业整体效益；五是调强，做强、做大农业企业，实行农业产业化，延伸农业产业链条，强化农业基础地位。

（八）能源开发技术

能源资源短缺，是新世纪世界各国面临的共同问题；保护环境，是全球面临的共同任务。开发利用清洁能源、发展可再生能源，则是世界人民的必然选择。发展高效生态农业，尤其是重视新能源、清洁能源、可再生能源的开发利用：一是开发利用太阳能，如建造太阳能温室（包括阳光塑料大棚、日光温室、太阳畜禽舍等）；二是利用生物质资源生产沼气；三是开发农村小水电；四是利用荒山、荒地资源和“边角”耕地资源，种植能源林木和能源作物，生产生物柴油、生物乙醇等，发展能源农业；五是开发利用风力资源等。

（九）流域治理技术

流域的治理和发展是高效生态农业的重要内容，发展高效生态农业的重要任务之一就是要将流域治理好、发展好，就必须大力推广流域治理技术。一是根治水患，实行退田还湖、加固干堤、移民建镇；二是恢复重建，对已经受到破坏或损害的生态系统，加大综合治理力度，尽快使其结构与功能得到恢复与重建；三是防治污染，重点防治农村农业生产生活过程中的面源污染，确保“源洁流清”；四是有序开发，坚决取缔污染型企业和破坏性开发；五是建立健全制度，加强流域管理。

（十）现代高新技术

以信息技术、生物技术、新材料技术、新能源技术、空间技术、海洋技术等为代表的现代高新技术，已经或正在广泛应用于现代农业，尤其是高效生态农业模式之中，极大地提高了资源利用率、劳动生产率、农业生产力和整个农业的经济社会生态综合效益，将从根本上改变农业发展方式。

四、北方“四位一体”生态农业模式分析（李金才等，2009）

北方四位一体生态农业模式是以生态学、经济学、系统工程学为原理，以土地资源为基础，太阳能为动力，沼气为纽带，种植业和养殖业相结合，通过物质能量转换技术，在全封闭的状态下，将沼气池、猪禽舍、厕所和日光温室等组合在一起，形成的一个封闭状态下的能源生态系统。该模式在日光温室内把沼气技术、养殖技术、种植技术有机结合起来，发展高产、高效、优质农业的一种模式，简称四位一体。四位一体模式集多业结合、集约经营，通过种植、养殖、微生物的合理结合，加强了物质循环利用，形成无污染和无废料农业，构成了完整的生产循环体系。这种循环体系以其采用的先进生产技术，达到高度利用有限的土地、劳力、时间、饲料、资金，将过去的粗放型农业转化为集约化经营的农业。

（一）经济效益分析

1. 生产成本

据研究调查，2004—2007年朝阳县试验农户种植业每年农药、化肥、种子的投入平均1 500元；养殖业包括仔猪投入3 000元；饲料投入6 000 元；防疫投入100 元；合计1 106万元；维护费用每年200 元。因此，年生产成本为1 108万元，加上年建设成本4 249元，年总投入11 5049万元。

2. 年收入

2004—2007 年，试验农户四位一体模式温室大棚内一年四季温度都保持在10 ~ 30℃，由于温度适宜，每年最少种植两茬，以常见的黄瓜和番茄为例。大棚面积为350m^2，实际种植面积约320m^2。黄瓜单产10kg/m^2，总产量约为3 200kg，按年均115 元/kg的价格计算，可收入4 800 元。在温度适宜，水分、肥料充足的条件下，番茄单产20kg/m^2，番茄总产量为6 400kg，因大棚番茄提前上市，平均价格在210 元/kg。种植业总产值为1 176元。

年出栏生猪15 头，按每头700 元，产值1. 05 万元。沼气池节煤、节肥，1 个8m^3 沼气池平均年产气300m^3，折合柴草1 400kg，折合标准煤0. 7t，合300 元。沼液、沼渣经过厌氧发酵，可直接施用，年节约化肥资金300 元。因此，种植系统和养殖系统年总收入2. 87 万元。

3. 纯利润

采用四位一体温室大棚的年纯利润为2. 8700 - 1. 5049 = 1. 3651 万元。由此可以看出，一栋350m^2 的四位一体的温室大棚年纯利润在1. 3651 万元，大部分农户会在3 ~ 4 年内收回投资，如果引进一些名、特、优、新品种或种植反季蔬菜、瓜果，效率会更高。

（二）生态效益

四位一体模式中产生的沼气解决了农户日常炊事用能，这在一定程度上减少了对煤或薪柴的使用。根据煤的品质不同，每立方米的沼气产生的热量相当于2 ~ 3. 3kg 的煤炭，煤的含硫量在

0.8%左右，灰分20%左右，一个年产300m^{3}的沼气池，年可减少二氧化硫的排放7～12kg，减少烟尘排放0.7～1kg，以一个200个沼气池的村庄计算，一年可以减少二氧化硫排放1.4～2.4t，烟尘140～200kg，减少二氧化碳排放82.3t。

1m^{3}沼气产生的热量相当于4.5～5kg薪柴的热量，年产300m^{3}的沼气池产生的沼气相当于1 400kg。薪柴的热量，节约的薪柴相当于0.16hm^{2}薪炭林一年的生长量。从而减少了对森林、植被的破坏，减轻了由薪柴、煤等燃烧产物对环境的污染，减少水土流失。同时，由于人畜粪便随时入沼气池产沼气，从而使农户庭院无臭味、无污染，改变了过去农村粪便、蚊蝇满庭院的状况，切断了有害细菌的传播途径，提高了人民的身体健康。

(三) 社会效益

通过推广利用四位一体的生态农业模式，有效安置了农村剩余劳动力，改变了过去农民冬季无活干的现象，提高了劳动生产率。改善了农村、农民的精神面貌，促进了农村社会文明进步。同时，增加了无公害蔬菜、肉食的供应，丰富了城乡居民菜篮子。在促进农民脱贫致富、农业生产结构调整和农业与农村经济的可持续发展等方面，都起到了重要的作用。

第四章　无公害农业

第一节　无公害农业的内涵及特征

一、无公害农业产生的产生和发展

石油农业随着化肥、农药和塑料制品的大量推广使用，使得化肥、农药、除草剂在农产品中残留增加，硝酸盐对农产品污染越来越重，农产品质量安全得不到保证。为此，人们逐渐认识到环境保护，资源节约的重要性，人们不断寻求新的农业生产方式，在这种情况下就产生了无公害农业。

我国无公害农业的发展是始于无公害蔬菜和无公害茶叶的研究和生产。1982 年，在全国生物防治会议上，江苏省率先提出利用生物防治代替化学农药防治；1983 年，全国 20 多个省市开展了无公害蔬菜和茶叶的研究、示范和推广工作，自发地开始了无公害农业的探索，并提出了“无公害农产品”的概念，即长期食用不会对人类产生危害的食品。这时的无公害农业，实际上就是一种生产无公害食品的农业形式。

进入到 20 世纪 90 年代，特别是从 1995 年起，湖北、黑龙江、山东、河北、云南等省广泛开展了“无公害食品生产技术研究与基地示范”工作，研制和推广了一系列的无公害食品生产技术，扩大了无公害食品生产范围，加速了无公害食品的发展。这个阶段的无公害农业不仅要求能够生产出安全食品，并且开始关注生产方式和农事活动对环境的影响，其基本含义可概括为：为生产出无污染的安全、优质、营养类产品，须在无污染的区域内，充分利用自然资源，最大限度地限制有毒有害物质进入农业生产系统和农产品，同时，还要保证农产品的生产及加工过程不对环境造成危害。此时，无公害农业包括了环境友好的内容，其概念逐渐充实和完善起来，并逐渐被人们所认识。无公害农业产生于无公害食品生产实践，也随着无公害食品生产的发展而发展。实际上，无公害食品、绿色食品、有机食品三者的发展共同推动了无公害农业的快速发展（张秀省，2002；杨洪强，2009）等。

为了推动无公害农业的发展，农业部出台了一系列有关文件。2001 年 4 月，启动了“无公害食品行动计划”。该计划以提高农产品质量安全水平为核心，以强化农产品质量安全保障体系建设为基础，以农产品产地环境、生产过程、投入品监管、质量追踪以及市场准入等环节为重点，全面推进农产品质量安全监管的各项工作，率先在北京、天津、上海、深圳 4 个城市试点，于 2002 年在全国范围内加快推进。2001 年 9 月，农业部公布了首批 73 项无公害农产品行业标准，重点强调了蔬菜、水果和茶叶等 15 种“菜篮子”产品，并于 2001 年 10 月 1 日在全国范围内开始实施。

在农业部公布首批无公害农产品行业标准的同时，国家质量监督检验检疫总局批准发布了 8 项农产品安全质量国家标准，也于 2001 年 10 月 1 日实施。在这 8 项标准中，4 项安全要求是强制性标准，4 项产地环境要求是推荐性标准。这些标准的发布和实施，有力地推动了我国无公害农业的发展。

为了加大对无公害农产品的认证和管理工作，2002 年 4 月 29 日农业部和国家质量技术监督检验检疫总局联合颁布了全国《无公害农产品管理办法》，2003 年 3 月农业部成立了农产品质量安全中心，专门负责无公害农产品认证的具体工作。

在我国无公害农业的持续发展，坚持五统一，即统一标准、统一标志、统一认证、统一管理、统一监督。标志着我国无公害农业步入正常的发展轨道。

“十一五”期间，我国无公害农产品和农产品地理标志工作机构紧紧围绕农业和农村经济工作重点，以提高农产品质量安全水平为目标，以树立国家安全农产品标志公信力为核心，坚持以政府推动为主导，坚持与产业发展相融合，坚持改革创新与优化机制并举、数量与质量并重，扎实推进各项工作，使无公害农产品已成为我国安全优质农产品的主导品牌，农产品地理标志成为区域经济发展颇具潜力的新增长点。截至“十一五”末，我国共认定产地 58 968 个，其中，种植业产地 36 251 个，面积 5 194 万 hm^2，占全国耕地面积的 40%（按总面积 1.3 亿 hm^2 计算）；畜牧业产地 16 097个，规模 540 928万头（只、羽）；渔业产地 6 620个，养殖面积 299 万 hm^2。有效无公害农产品 56 532 个，产品总量达 2.76 亿 t，认证农产品约占同类农产品商品总量的 30%。农业部已对外公示农产品地理标志产品 606 个，其中，535 个获得农业部审核批准，予以登记颁证。无公害农产品年度抽检合格率平均达到 98% 以上；农产品地理标志产品 2009 年和 2010 年连续两年监测合格率均为 100%。

二、无公害农业的内涵

（一）无公害农业的定义

无公害是相对于公害而言的。从公害含义考虑，无公害农业应当指农事活动及其产品不对公众的生命、健康、财产安全和生活环境的舒适性等以及社会各方面造成危害的一种农业生产方式。简言之，无公害农业就是没有公害的一种农业生产方式。

无公害农业是随着无公害农产品生产活动的开展而产生和形成的，无公害农业的含义，也随着无公害农产品生产实践的发展而逐渐明确和完善，它具有狭义和广义的含义。

1. 狭义无公害农业

无公害农业概念产生于无公害农产品生产实践，其含义也取决于无公害农产品。无公害农产品有狭义和广义的区分。狭义无公害农产品特指我国农业部和国家质监总局发布的《无公害农产品管理办法》所提的无公害农产品，即产地环境、生产过程和产品质量符合我国农产品安全质量标准，经认证合格获得认证证书并允许使用无公害农产品标志的未经加工或者初加工的食用农产品。它更加关注农产品本身的质量，要求产品中有毒有害物质必须在标准规定的范围内。广义无公害农产品指注重产品质量安全性和环境安全性并符合相关标准的所有农产品，除了狭义无公害农产品，还包括绿色食品和有机食品（农产品），它们目前都已在我国开展认证活动。

对无公害农业也应从狭义和广义两方面来理解。狭义的无公害农业指按照一定要求组织生产、将有害物含量控制在标准规定的范围内的一种农业生产形式。它以生产质量安全的食品为目标，主要解决农产品本身的安全性问题，与狭义无公害农产品（无公害食品）相对应。

2. 广义无公害农业

广义的无公害农业，是没有公害的农业生产方式；即无公害农业指充分利用自然资源，合理利用生产资料，限制外源污染物进入农业生产系统，保持环境清洁，防止生产和加工方式对环境和产品造成危害或损害，从而保障产品质量和安全特性以及生产方式符合相关要求和标准的一种农业发展模式，其目的是保障食品安全，保护环境，促进资源的合理使用，保证农业的可持续发展。

（二）无公害农产品的定义

无公害农产品是指使用安全的投入品，按照规定的技术规范生产，产地环境、产品质量符合国家强制性标准并使用特有标志的安全农产品。

无公害农产品既要有优质农产品的营养品质，又要有健康安全的环境品质。国内无公害种植水平很高的“不老泉”，国内没有销售，主要是出口及供应政府。这种特殊性也就是无公害农产品的商品特殊性；无公害农产品是一种具有独特标志的专利性产品，严格有别于其他农产品，而这种独特标志包涵了其生产技术的独特性、管理办法的独特性。正基于此，开发无公害农产品是有别于一般性农业生产的，它必须有自己一套完善的运作机制，并能很好地适应现代市场经济的发展环境。

三、我国发展无公害农业的意义

当前，我国发展无公害农业具有缓解保护、保障食品质量与安全、人体健康和农业可持续发展等作用。

（一）发展无公害农业是适应我国社会主义市场经济的需要

随着我国社会主义市场经济体制的逐步建立和完善，对我国农业生产提出了更高要求，不仅要保障社会上农产品消费供给，而且要面对市场，适应市场，寻求农业自身的发展，同时，我国经济的快速稳定增长，人民生活水平不断提高，对食物消费的要求也越来越高，回归大自然，消费无公害食品，已成为新时期消费的潮流和市场走向，但是环境污染对农产品的卫生质量造成了很大威胁，食物中毒事件不断见诸报端，已引起人们的广泛关注，人们对环境保护，对消费无公害食品的意识大大增强，迫切需要政府及有关部门采取措施，发展无公害农业，满足人们绿色消费的需要，发展无公害农业，不仅可以提高我国农产品质量，而且可以树立我国农产品的品牌，有利于扩大影响，增强农产品的市场竞争力，从而提高农业生产适应市场经济的能力。

（二）发展无公害农业是最适应农产品国际贸易的需要

农产品是我国出口创汇的重要组成部分，近年来，出口创汇额不断增加。但是，目前在国际贸易中，环境管制措施越来越严，标准越来越高，以环境标志为代表的无公害贸易这一非关税壁垒正在构筑，并且已经对我国的农产品出品带来重大影响，正如我国《关于环境与十大对策》中所指出的：国际市场上出现了绿色食品，这是一个信号，那些在生产、使用过程中危害环境的产品将日益受到抵制，据外经贸部有关方面的信息，我国出口农产品和食品品种档次低，质量差，安全优质性能较为缺乏，常常因为有害物质残留超标而出现贸易纠纷、索赔等问题，因此，我国加快发展无公害农业，有利于提高我国农产品质量档次，有利于冲破国际市场中正在构建的非关税贸易壁垒，有利于提高我国农产品在国际市场中的竞争能力，促进出口创汇。

（三）发展无公害农业是树立我国环境保护国际新形象的需要

当前环境问题已经成为国际政治的热点，国际社会和联合国有关机构已制定了范围广泛的国际环境公约和法律规定，控制污染，保护环境已成为国际合作的重要行为准则。我国政府已先后签署了包括关于保护臭氧层的《蒙特利尔议定书》在内的30多项保护资源和环境国际公约、协定，并率先制定出《中国21世纪议程》提出发展无公害农业产品，通过发展无公害农业，有效地保护和改善生态环境，促进无公害农产品的生产，同时，促进我国对国际环境公约、协定的贯彻和落实，表示我国对人类环境问题高度负责的政治态度。优质、营养的无公害食品，是人类食文化的变革，提倡无公害食品，也就是提倡一种新的饮食文化，一种新的消费观念，一种新的生活方式，一种新的与环境共处的依存关系，是人类文明进步的重要表现。

（四）发展无公害农业是保护与改善农业生态环境的需要

随着工农业的快速发展，工业“三废”的大量排放与农用化学物资的大量施用，导致农田受污染的情况十分严峻，农产品质量受到影响，部分地区的农产品受到较严重的污染，因食用受污染食物引起中毒的事件屡见报端，发展无公害农业，首先要求产地环境必须符合“无公害”质量要求，一旦产地受到污染，就失去了无公害农产品生产的基本条件，因此，要创建和保持无公害农产品基地，就必须保护和改善农业环境，其次，就是要推广无公害农产品生产技术，合理使用农用化学物质，树立环境保护的观念，形成无公害农业产业体系，所以，发展无公害农业的同时，可以加大生态环境建设与保护的力度，从而有效地保护和改善生态环境。

（五）发展无公害农业是提高农业经济效益，促进农业可持续发展的需要

国内外市场表明，无公害食品比一般食品价格高，且市场需求旺盛。显而易见，开发无公害食品可以提高农业经济效益具有较强的市场发展前景，目前，我国正在实施西部大开发战略，充分发挥西部自然资源优势与生态环境优势，大力发展无公害农业，开发具有地方特色的无公害农产品，形成规模，促进农业产业化建设，既可以提高农业经济效益，增加农民收入，又保护了农业生态环境，促进农业的可持续发展，可以说，发展无公害农业是一项利国利民的“双赢“事业（刘敏，2007）。

第二节 无公害农业的操作规程

一、无公害农产品生产标准

无公害农产品的质量标准分为国际标准、国家标准、行业标准、地方标准和企业标准。《中华人民共和国标准化法》第二章第六条规定：对需要在全国范围内统一的技术要求，应当制定国家标准。国家标准由国务院标准化行政主管部门制定。对没有国

家标准而又需要全国某个行业范围内统一的技术要求，可以制定行业标准。行业标准由国务院有关行政主管部门制定，并报国务院标准化行政主管部门备案，在公布国家标准之后，该项行业标准即行废止。对没有国家标准和行业标准而又要在省（自治区、直辖市）范围内统一的产品的安全、卫生要求，可以制定地方标准。地方标准由省（自治区、直辖市）标准化行政主管部门制定，并报国务院标准化行政主管部门和国家有关行政主管部门备案，在公布国家标准或者行业标准之后，该项地方标准即行废止。企业生产的产品没有国家标准和行业标准的，应当制定企业标准，作为组织生产的依据。企业的产品标准须报当地政府标准化行政主管部门和有关行政主管部门备案。已有国家标准或者行业标准的，国家鼓励企业制定严于国家标准或者行业标准的企业标准，在企业内部适用。

（一）国际标准

国际标准是由国际权威组织和机构制定的，并为大多数国家和国际组织和机构接受的标准。如联合国 FAO 和 WHO、欧盟、国际有机农业活动联盟（IFOAM）、美国、日本等。国际标准的有关内容，根据工作需要，查相关标准。

（二）国家标准

为了规范无公害农产品的生产、经销，由国家质量监督检验检疫总局发布的 8 项关系到农产品安全质量的国家标准，于 2001 年 10 月 1 日开始实施，为在全国范围内无公害农产品的监督管理提供了统一的技术依据。这 8 项国家标准包括蔬菜、水果、畜禽肉、水产品 4 类农产品，每一类农产品都有“安全要求”和“产地环境要求”两个标准。这些标准分别是：GB l8406. 1—2001 无公害蔬菜安全要求、GB/T 18407. 1—2001 无公害蔬菜产地环境要求、GB l8406. 2—2001 无公害水果安全要求、GB/T 18407. 2—2001 无公害水果产地环境要求、CB/T 18406. 3—2001

无公害畜禽肉产品安全要求、GB/T18407.3—2001 无公害畜禽肉产品产地环境要求、GB/T 18406.4—2001 无公害水产品安全要求、GB/T 18407.7—2001 无公害水产品产地环境要求。农产品安全质量 8 项国家标准是以现行相关标准为依据，以农产品生产过程中产生的、易在农产品及人体内残留、对人体有害的污染物质为重点，综合有关省的无公害农产品地方标准对农产品产地的土壤、水质、大气质量和产品安全质量要求制定的。

（三）地方标准

对没有国家标准和行业标准而需要在省（自治区、直辖市）范围统一要求的，要制定地方标准。地方标准的制定由各省（自治区、直辖市）农业厅负责，农业部和国家质检总局备案。2001 年前，许多省（自治区、直辖市）制定了诸多地方标准并付诸实施。随着行业标准的颁布，相应的地方标准终止执行，没有国家标准和行业标准或国家标准暂时没有颁布的，可继续执行地方标准。

（四）企业标准

农产品生产加工企业在没有国家标准和地方标准的情况下，可根据产品销售方要求，并结合国际上先进的同类标准，制定企业标准，并报地方政府标准化行政主管部门和有关主管部门备案。企业标准只在企业内部适用。

二、无公害农产品产地环境要求

《农产品安全质量》产地环境要求（GB/T 18407—2001）分为以下 4 个部分：

（一）《农产品安全质量　无公害蔬菜产地环境要求》（GB/T 18407.1—2001）

该标准对影响无公害蔬菜生产的水、空气、土壤等环境条件按照现行国家标准的有关要求，结合无公害蔬菜生产的实际作出了规定，为无公害蔬菜产地的选择提供了环境质量依据。

（二）《农产品安全质量　无公害水果产地环境要求》（GB/T 18407.2—2001）

该标准对影响无公害水果生产的水、空气、土壤等环境条件按照现行国家标准的有关要求，结合无公害水果生产的实际做出了规定，为无公害水果产地的选择提供了环境质量依据。

（三）《农产品安全质量　无公害畜禽肉产地环境要求》（GB/T 18407.3—2001）

该标准对影响畜禽生产的养殖场、屠宰和畜禽类产品加工厂的选址和设施，生产的畜禽饮用水、环境空气质量、畜禽场空气环境质量及加工厂水质指标及相应的试验方法，防疫制度及消毒措施按照现行标准的有关要求，结合无公害畜禽生产的实际做出了规定。从而促进我国畜禽产品质量的提高，加强产品安全质量管理，规范市场，促进农产品贸易的发展，保障人民身体健康，维护生产者、经营者和消费者的合法权益。

（四）《农产品安全质量　无公害水产品产地环境要求》（GB/T 18407.4—2001）

该标准对影响水产品生产的养殖场、水质和底质的指标及相应的试验方法按照现行标准的有关要求，结合无公水产品生产的实际做出了规定。从而规范我国无公害水产品的生产环境，保证无公害水产品正常的生长和水产品的安全质量，促进我国无公害水产品生产。

三、无公害农产品生产的施肥技术（以蔬菜生产为例）

（一）无公害蔬菜生产的施肥原则

以有机肥为主，辅以其他肥料；以多元复合肥为主，单元素肥料为辅；以施基肥为主，追肥为辅。尽量限制化肥的施用，如确实需要，可以有限度有选择地施用部分化肥。但应注意掌握以下原则。

（1）禁止使用硝态氮肥。

（2）控制用量，一般每亩不超过25kg。

（3）化肥必须与有机肥配合施用，有机氮比例为2：1。

（4）少用叶面喷肥。

（5）最后一次追施化肥应在收获前30天进行。

（二）无公害蔬菜生产中，允许使用的肥料类型和种类

（1）生物菌肥包括腐殖酸类肥料、根瘤菌肥料、磷细菌肥料、复合微生物肥料等。

（2）无机矿质肥料如矿物钾肥、矿物磷肥等。

（3）微量元素肥料即以铜、铁、硼、锌锰、钼等微量元素及有益元素为主配制的肥料。

（4）其他肥料如骨粉、氨基酸残渣、家畜加工废料、糖厂废料等。

（三）实施配方施肥

为降低污染，充分发挥肥效，应实施配方施肥，即根据蔬菜营养生理特点、吸肥规律、土壤供肥性能及肥料效应，确定有机肥、氮、磷、钾及微量元素肥料的适宜量和比例以及相应的施肥技术，做到对症配方。具体应包括肥料的品种和用量，基肥、追肥比例；追肥次数和时期以及根据肥料特征采用的施肥方式。配方施肥是无公害蔬菜生产的基本施肥技术。

（四）无公害蔬菜生产中施肥技术应注意的问题

（1）人粪尿及厩肥要充分发酵腐熟，并且追肥后要浇清水冲洗。

（2）化肥要深施、早施，深施可中国移动农信通网站以减少氮素挥发，延长供肥时间，提高氮素利用率。早施利于植株早发快长，延长肥效，减轻硝酸盐积累。一般铵态氮施于6cm以下土层，尿素施于10cm以下土层。

（3）配施生物氮肥，增施磷、钾肥，配施生物氮肥是解决限用化学肥料的有效途径之一，磷、钾肥对增加蔬菜抗逆性有着明显作用。

（4）根据蔬菜种类和栽培条件灵活施肥，不同类型的蔬菜，硝酸盐的累积程度有很大差异，一般是叶菜高于瓜菜，瓜菜高于果菜。

此外，同一种蔬菜在不同气候条件下，硝酸盐含量也有差异，一般高温强光下，硝酸盐积累少。反之，低温弱光下，硝酸盐大量积累，在施肥过程中，应考虑蔬菜的种类、栽培季节和气候条件等，掌握合理的化肥用量，确保硝酸盐含量在无公害蔬菜的规定范围之内。

施足基肥：保证施腐熟的有机肥 60 ~ 75t/hm^2，磷酸二铵 450 ~ 750kg/hm^2、硫酸钾 600 ~ 900kg/hm^2 或三元素复合肥 1 500kg/hm^2。合理追肥：可追施腐熟人粪尿 15 000kg/hm^2 或三元复合肥（或尿素）150kg/hm^2。同时，可用 0.5% 尿素加 0.3% ~0.5% 磷酸二氢钾辅以叶面追肥 2 ~3 次。保护地内可增补 CO_2。禁止施用有害的城市垃圾和污泥，收获阶段不许用粪水肥追肥。

四、无公害农产品生产病虫害防治技术

在无公害农产品生产中病虫害防治严格按照《生产技术规程》操作。该规程规定，本着“预防为主、综合防治”的原则，综合地运用物理、农业、生物等防治措施，尽量避免使用化学农药，杜绝高毒、高残留化学农药的使用，对农药的使用限制品种、用量、使用时间及使用对象。

（一）防治原则

1. 预防为主，综合防治

“预防为主，综合防治”是我国植保工作的一贯方针，也是

生产无公害农产品的重要指导思想之一。也就是说，从农业生产的全局和可持续发展的总体要求出发，充分利用自然界可抑制病虫害的各种因素，创造不利于病虫害发生及危害的环境条件；以农业综合措施为基础，根据病虫害的发生发展规律，合理利用物理方法、生物技术及生态技术等，控制病虫害的发生及危害，适当结合化学药剂防治，经济、安全、有效地控制病虫危害；既要达到高产、优质、高效的生产目的，又要把可能产生的负面影响降到最低限度，以保护和恢复生态平衡。

2. 控制环境，减少用药次数

许多病虫害的发生及危害要求特定的环境条件，如黄瓜霜霉病在高湿条件下危害严重且易暴发流行，保护地蔬菜灰霉病在连续阴天时容易大发生等。所以，根据具体病虫害的发生特点，创造不利于其发生和危害的环境条件，可限制许多病虫害的发生程度，从而减少防治用药次数，降低农药残留与污染，保护生态平衡，有利于生产无公害农产品。

3. 充分利用农业综合措施

利用农业综合措施防治病虫害是最古老、最经济、最有效的一类防治方法，具有不污染环境、不破坏生态平衡、有利于农业可持续发展的特点。对许多病虫害通过采取农业综合防治措施即可基本控制其发生危害。目前在生产上常用的农业综合防治措施有：搞好田园卫生，清除遭受病虫害的农作物残体；高垄栽培，防止水传病害；剪除病虫害作物残体，防止扩大危害；及时通风降湿，控制病害发生；地膜覆盖，降低环境湿度；合理施肥浇水，提高植株抗病能力；果实套袋，防止病虫危害；合理轮作倒茬；选用抗病品种；使用无病毒苗木等。

4. 防治病虫危害，而非见病虫就防治

在各种作物生长发育过程中，都会不同程度地发生多种虫害或病害，但对人类经济活动真正造成较大损害或损失的只有少数种类，而多数病虫害仅为零星发生，对作物的正常生长发育没有显著影响，即对人类的经济活动不会有明显损害或损害甚微。对于那些对农业生产基本没有影响的害虫或病害，虽然生产中时有发生，但并不需要防治，从生态系统的角度来说，“和平共处”是最好的选择。而对于那些对农业生产可以或经常造成较大或重大损失的害虫或病害，才是应当防治的重点，以控制或减轻其危害程度。也就是说，防治病虫为害是指防治那些对人类活动造成显著经济损失的害虫或病害。

5. 抓住主要病虫害，兼治次要病虫害

在各种作物的不同生长发育阶段或地区，可能同时或先后有不同程度的多种病害或害虫发生，但具体防治时不能眉毛胡子一起抓，要善于抓住主要病害或害虫种类，集中力量解决对生产危害最大的病虫害问题，对次要病虫害则要考虑兼治；同时，还要密切注意次要病害或害虫的发展动态和变化，有计划、有步骤地适时防治一些较为次要的病虫害。例如，果树休眠期防治的中心任务是解决越冬的病源和虫源，主要措施是搞好果园卫生，而果园卫生的重点是依据当时当地的主要病害及害虫种类；展叶开花期，应着重防治病害的初侵染和害虫的始发阶段，具体措施、选用药剂种类、药剂浓度、用药时机等，应主要针对当年可能严重发生的病害及害虫，而且要尽量兼顾防治其他病虫害；结果期至成熟采收期，以保证果实正常生长发育为主，主要措施以保果为中心，兼顾保叶。另外，不同环境或气候条件下的病虫害防治重点也不相同，如防治苹果早期落叶病，在沿海地区的果区以防治斑点落叶病为主，而在陕西果区则以防治褐斑病为主。

6. 抓住关键防治时期

常见种植作物一般都有比较明确的、需要重点防治的重要病虫害，应根据不同病虫害的发生发展规律，按照“预防为主，综合防治”的植保方针，抓住不同病虫害的关键防治时期进行重点防治，以获得事半功倍的防治效果。如防治保护地蔬菜灰霉病，若遇连续两天阴天，则应立即喷药防治；防治黄瓜霜霉病，因此病一经发生，蔓延快、损失重，故应以发病前预防为主，避免病害蔓延；防治梨黄粉蚜为害，一方面要在树体萌芽前均匀周到地喷药；另一方面在树体生长期及时采用淋洗式喷药防治，防止黄粉蚜危及果实；苹果病虫害的防治原则应为“春重、夏紧、秋松”等。

7. 适当发挥农药助剂的作用

许多害虫身体表面及植物表面常带有一层蜡粉或蜡质层，一般药液很难附着其上，使药剂防治效果多不理想。因此，为提高药剂的防治效果，应适当在药液中加入一定浓度的农药助剂，以便降低药液表面张力，提高附着能力，充分发挥药效。如防治介壳虫类害虫及白粉虱、蝽类等害虫，或果树休眠期喷药防治，或防治甘蓝类病虫害等，若在药液中加入助杀、农药展着剂等农药助剂，可显著提高相应药剂的防治效果。

（二）防治技术

1. 农业防治

农业防治是通过采取农业栽培技术措施，创造或加强有利于作物生长发育，而不利于病虫发生的条件，从而避免或抑制病虫害的基本方法。

（1）合理轮作换茬。一种作物长期连作或重茬，容易造成造成土壤中病菌和病虫的积累，引起病虫害发生。合理地轮作换茬，可以对那些迁移力小、食性单一、寄主植物较少的害虫和寄生专化性较强的病菌起到抑制作用，因此，可以减少病虫害的发生。轮作换茬应选择亲缘关系较远的作物，一般应选择不同科的作物进行轮作，轮作周期应根据病原物及害虫存活年限，一般3~5年。

（2）深耕深翻。深耕深翻不仅能够改良土壤，有利于作物生长，提高作物本身抵抗病虫害的能力，而且可以把一些病虫的植物残体深埋到土里；可以破坏一些越冬病虫在土壤中的蛹室及巢穴，对病虫害有直接的杀灭作用。

(3) 合理施肥和浇水。合理施肥和浇水对病虫害的防治主要体现在两个方面，一是为作物提供适宜的养分和水分，使其生长健壮，增强其抵抗能力；二是使作物保持合理的群体结构，使田间保持适宜的温度和湿度，创造不利于病虫发生的环境条件，从而控制病虫害的发生。

(4) 选用抗病品种。在无公害农产品生产中，应尽量采用那些既高产、优质，有抗病的品种。

(5) 调整播期和种植方式，合理密植。根据作物生长发育和病虫发生规律，适当调整播种期，使作物避开病虫发生期，或使作物病虫能力弱的生育阶段与病虫发生高峰期错开，可以减轻病虫危害。合理密植、实行深沟高、宽窄行等种植方法，可以改善田间通风透光条件，有利于防治病虫害发生。

(6) 嫁接换茬。瓜类、结果类蔬菜采用嫁接方法，可预防治病害。

(7) 清洁田园。在作物生长过程中，及时摘除病虫危害的叶子和果实，或拔除病株，带出田外深土埋或焚烧；作物收获后，清理田园，焚烧或深埋田间带病虫的残枝落叶，减少病虫侵染源，从而减轻病虫为害。

2. 物理机械法

物理机械防治法指利用各种物理因素和机械设备来防治病虫害。

(1) 汰选法。汰选法指采用风选、水选、过筛等方法，剔除带有病虫的种子。

(2) 诱杀法。诱杀法指利用害虫的趋性，设计诱杀害虫的方法。如灯光诱杀、性诱剂诱杀、蓝黄板诱杀、食饵诱杀、银膜避蚜等。

（3）热处理法。热处理法是在不损伤种子的前提下，利用一定的热力杀死种子内外病虫的方法。如日光晒种、温汤浸种等。

（4）阻隔法。阻隔法即根据病虫的侵染和扩散行为，设置各种物理障碍，阻止病虫的危害或扩散。如树干涂白，果实套袋等。

（5）捕杀法。捕杀法指利用人工或各种器械捕捉或直接消灭害虫的方法。

3. 生物防治法

生物防治法指利用某些生物或生物的代谢产物来控制病虫草的发生和危害，具有经济安全、控制作用持久、一般情况下害虫对天敌不会产生抗药性的优点。

（1）以虫治虫。以虫治虫即利用有益的昆虫来防治有害的昆虫。

捕食性昆虫的利用。实践中可以利用捕食性昆虫控制病虫害。如利用瓢虫、草蛉、蚂蚁、食蚜蝇等控制害虫的发生。

寄生性昆虫的利用。可以利用寄生性昆虫防治部分虫害。如用赤眼蜂防治玉米螟等。

（2）以菌治虫。以菌治虫即利用害虫的致病微生物和微生物的代谢产物来防治害虫。

利用细菌治虫。利用害虫的致病细菌来感染害虫，使害虫生病而死亡。死亡的虫体变软变色很臭。如用苏云金杆菌颗粒剂防治玉米螟。

利用真菌治虫。利用害虫的致病真菌来感染害虫，使害虫生病而死亡。死亡的虫体僵硬，呈白色或绿色或黄色等不同颜色，没有恶臭。如用白僵菌封剁防治玉米螟。

利用病毒治虫。利用害虫的致病病毒来感染害虫，使害虫生病而死亡。死亡的虫体变软，体内组织液化，没有臭味。能感染昆虫的病毒很多，目前，我国发现的昆虫病毒近百种，但应用在生产上的很少，原因是病毒不能离开寄主昆虫来人工培养繁殖，限制了许多昆虫病毒的推广应用。

(3) 以菌治病。部分微生物的代谢产物具有杀灭病菌的效果。以菌治病是指利用有益微生物的代谢产物防治病害。如用春雷霉素防治水稻稻瘟病，井冈霉素防治水稻纹枯病。

(4) 利用昆虫激素防治害虫。利用昆虫激素防治害虫是目前广泛应用的一种防治害虫的方法。如用玉米螟性激素诱杀雄蛾防治玉米螟。

(5) 以其他有益生物治虫。以其他有益生物治虫在生产中也具有重要的意义。如捕食性蜘蛛、捕食性螨类、益鸟、蛙类的利用等。

4. 化学防治法

化学防治法指用化学药剂防治病虫杂草，但对农药的种类有一定的要求。

提倡使用微生物源杀虫、杀菌剂，如白僵菌、绿僵菌、苏云金杆菌、阿维菌素、淡紫拟青霉、宁南霉素、井冈霉素、春雷霉素等。

植物源杀虫、杀菌剂，如吡虫啉、印楝素、苦参碱等；矿物源杀虫、杀菌剂，如硫酸铜、波尔多液（保护剂由生石灰、硫酸铜、水配制而成）、石硫合剂（保护剂由生石灰、硫黄、水配制而成）等。

昆虫生长调节剂，如灭幼脲、噻嗪酮、氟虫脲等。

低毒、低残留的化学农药：敌百虫、辛硫磷、马拉硫磷、三氯杀螨醇、多菌灵、百菌清（保护剂）、代森锰锌（保护剂）、托布津、异稻瘟净、甲基硫菌灵、福美双、阿特拉津等。

有限制地使用中毒性农药，如敌敌畏、乐果、毒死稗、马氰、阿维唑、三唑磷、辛唑、杀虫双、代森铵、灭扫利、敌杀死（溴氰菊酯）、氯氰菊酯、稻瘟净等。

禁止使用高毒农药，如甲胺磷、甲拌磷（3911）、对硫磷（1605）、氧化乐果、呋喃丹等。

第三节　无公害农产品生产技术

一、无公害蔬菜生产技术

无公害蔬菜的发展历史早在20世纪20年代，国外就开始发展无公害蔬菜，其主要生产方式是无土栽培。据不完全统计，世界上单用营养液膜法栽培无公害蔬菜的国家就达76个。在新西兰，半数以上的番茄、黄瓜等果菜类蔬菜是无土栽培的。日本、荷兰、美国等发达国家，采用现代化的水培温室，常年生产无公害蔬菜。此外，在露地蔬菜的无公害生产技术方面，也进行了较为深入的研究探讨和大面积的推广应用。

（一）无公害大棚番茄春季早熟栽培技术

1. 品种选择

应选用抗病、早熟、耐寒、结果集中，丰产的品种。如早粉2号、毛粉802、早丰、早魁、强丰等优良品种。

2. 培育壮苗

（1）播种期的确定。适宜的播种期应根据当地气候条件、定植期和壮苗标准而定。适龄壮苗要求定植时具有6～8片叶，第一花序已显蕾、茎粗壮、叶色浓绿、肥厚、根系发达，达到此标准，苗龄70～80天。我们地区在1月上旬至2月上旬播种。

（2）移植。应在1～2片叶时移植，过晚影响花芽分化，一般采用开沟移苗，或用营养土块、纸袋栽苗。移苗的株行距为8～10cm^2。

(3) 苗期管理。由于育苗较早，当时光照差，温度低，管理不当，很容易出现徒长苗或老化苗。因此，应注意掌握适宜的温度和水分，以满足其对营养条件的需要。在营养土中应配合一定量的氮、磷、钾。为了保证幼苗地磷肥需要，在幼苗期可喷2%过磷酸钙溶液1~2次。氮、磷、钾配合适当，即使温室稍低，光照较弱幼苗仍能进行正常的花芽分化。

3. 深耕重施基肥

冬前深翻地24~30cm，结合翻地每667m^{2}施有机肥500kg左右，将其翻入深层。土壤开始解冻后，立即整地作畦（垄），进行晾晒，以提高地温。定植时每667m^{2}垄沟施有机肥2 500kg左右，过磷酸钙20~30kg。

4. 定植与密度

定植期取决于大棚内的小气候条件。其指标是10cm地温稳定8℃以上，最低气温在0℃以上（最好能达到6~7℃），并稳定在5~7天后定植，为了适时早定植，应在定植前15~20天扣棚烤地。一般多在3月下旬至4月中下旬定植。棚内如有加温设施或采用多层薄膜覆盖，可适当提早定植。在3月中下旬要注意保温措施，避免”倒春寒”天气危害。栽植密度依季节、品种和整枝方法而定。进行单干整枝的可以适当密植，行距50cm，株距30~40cm，双干整枝的可适当稀些。早熟品种可密，中、晚熟品种稍稀植。

5. 定植后的管理

(1) 温湿度的控制。定植后要求较高温度，加速缓苗，为开花坐果奠定物质基础。所以定植后3~4天不放风，棚内维持25~30℃，空气湿度可达80%左右。缓苗后要降低棚温，加大放风量，白天20~25℃，夜间13~15℃，但夜间温度不能过低，否则，影响植株正常发育，湿度降到60%左右。在果实膨大期温度可适当提高，白天25~28℃，夜间15~17℃，空气湿度

45% ~60%，土壤湿度85% ~95%。特别是果实接近成熟时，棚温可稍提高2 ~3℃，加快果实红熟。但挂红线后不宜高温，否则，会影响茄红素的形成，不利着色而影响品质。为保持适宜温度当夜间最低温度不低于15℃时，可昼夜通风换气。

（2）浇水、追肥和中耕。缓苗期间既要造成湿度高的环境又要防止因浇水不当，降低地温，影响缓苗。缓苗后浇一次缓苗水，并随水每667m^{2}追施尿素5 ~10kg，以利催秧。在缓苗水后要进行蹲苗，严格控制浇水，应勤松土，以提高地温，保持土壤墒情从而达到适当地控制茎叶徒长，促使体内特质积累，以利于根系果长至核桃大小时应结束蹲苗，需每667m^{2}追施尿素15kg或腐熟人粪尿1 000kg。盛果期的水肥必须充足，再追肥1 ~2次。每次每667m^{2}追施尿素10kg左右，或用尿素、磷酸二氢钾进行叶面喷肥。一般每隔7天左右浇一水。但追肥灌水要均匀，不能忽大忽小。否则，易出现空洞果或脐腐病。

（3）其他管理。棚内湿度大，温度高，影响授粉受精，引起落花。可于花半开放时用10X10 -62.4-D抹花或（20 -30）X10 -6防落素喷花。高温、高湿、弱光是棚内小气候特点，极易引起番茄徒长，结果不良，成熟晚，所以要及时整枝打杈，协调好营养生长与生殖生长的关系。早熟栽培一般采取单干整枝，留3 ~5穗果摘心。恋秋栽培，可采用改良式单干整枝，保留7 ~8穗果摘心。果穗太密或果实太多时可疏去多余的小果，后期应随时摘去下部的病、黄、老叶，以利通风透光，并及时做好防病工作。

（二）无公害大蒜栽培技术

1. 品种选择

柳江栽培大蒜，以采收青蒜为主，品种主要为玉林红皮蒜，20世纪70年代从玉林引进，叶绿色，扁平，直立，长40cm，宽2cm，鳞衣紫红色，早熟，较耐热，植株生长快，不抽茎，青蒜辛辣味较浓，7 月份播种，9 月下旬至 10 月可收获上市，每亩产青蒜 2 000 ~ 2 500kg。

2. 整地施肥

大蒜忌连作，对土壤的适应性较强，因其根群小而短，吸收养分能力差，故以含有机质多而肥沃疏松的砂壤土栽培为宜。每亩施腐熟农家肥或沼渣 2 500kg、有机复合肥 50kg，均匀翻入土中后整地作畦，畦宽包沟 1.6m。

3. 适时播种

大蒜都用蒜瓣直接播种，选用无破损、蒜瓣整齐的大蒜作为蒜种，播种前晒种 2 ~ 3 天，然后用 50% 多菌灵 500 倍液浸种 24 小时，抽出晾干后即可播种。按行距 15cm，株距 3 ~ 4cm，每穴 1 瓣，每亩用种量 150 ~ 200kg。播种后可盖土，然后覆盖一层秸秆。

4. 田间管理

播种后，若土壤过分干旱，要及时浇水，促使尽快出苗，减少烂种。当苗高 4cm 时，即可施肥，施肥浓度看天气和苗子生长情况而定，晴天干燥时，浓度可低些。土壤比较潮湿，施肥浓度可高一些。当苗进入 3 叶期，此时正是种蒜腐烂期，种蒜再没有营养供给蒜苗生长，需及时追肥，供给充足的养分和水分，可适当提高肥料浓度，一般每隔 1 周一次，连续 3 次，可促使蒜苗迅速生长。大蒜生长期间，气温、土壤正适合各类杂草生长，要勤除草，减少养分消耗。

5. 病虫害防治

大蒜病害主要有菌核病和叶枯病，可用速克灵、杀毒矾、瑞毒霉、甲霜灵喷施，虫害主要有蓟马和根蛆，可用吡虫啉和地乐灵防治。

二、无公害粮油作物生产技术

（一）无公害小麦生产技术规程

1. 播前准备和播种

（1）整地施肥。采用机耕，耕深25cm左右，打破犁底层，不漏耕；耕透耙透，耕耙配套，达到上松下实；耕后复平，作畦后细平，保证浇水均匀，不冲不淤。亩产400～500kg，结合整地，每亩施腐熟的有机肥3 000～5 000kg，化肥折纯氮12～15kg，磷（P_2O_5）12～15kg，钾（K_2O）9～12kg。上述总施肥量中，有机肥、钾肥、磷肥、50%氮肥，均作为基肥施用。基肥于耕前均匀撒施于地面，然后耕翻于地下。50%的氮肥留作起身或拔节期作追肥。

（2）选用良种。选用高产、优质、抗病性强的优质小麦良种济麦22号、泰农18等。

（3）适期播种。坚持足墒播种，提高播种质量。实行机播，播种深度3～5cm，行距23～26cm，等行距或大小行播种。适宜播期为10月1—5日。对分蘖成穗率低的大穗品种，每亩14～16万基本苗，冬前每亩总茎数为计划穗数的2.5～3.0倍，春季最大总茎数为计划穗数的3.0～3.5倍，亩成穗数35万～40万，每穗粒数40粒左右，千粒重45g以上；对分蘖成穗率高的品种，每亩12万～14万基本苗，冬前每亩总茎数为计划穗数的2～2.5倍，春季最大总茎数为计划穗数的2.5～3.0倍，亩成穗数45万以上，每穗粒数32～35粒，千粒重40g左右。

2. 田间管理

（1）冬前管理要点。

①保证全苗：出苗后及时查苗、补苗，出苗遇雨或土壤板结，及时进行划锄，破除土壤板结，通气、保墒，促进根系生长。

②深耘断根：根据群体大小和长相，进行每行深耕或隔行深耕，深度 10cm 左右。耕后搂平压实，接着浇冬水，防止透风冻害。

③浇冬水：浇冬水有利于保苗越冬和年后早春保持较好墒情。应于立冬到小雪期间浇冻水。浇过冻水，墒情适宜及时进行划锄，以破除板结，防止地表龟裂，使土壤疏松，除草保墒，促进根系发育，促苗壮。

（2）春季（返青——挑旗）管理要点。

①拔节期追肥浇水：小麦返青期、起身期不追肥不浇水，及早进行划锄，以通风、保墒、提高地温，利于大蘖生长，促进根系发育。拔节期至拔节后期追肥浇水，这样可显著提高小麦籽粒的营养品质和加工品质，能够促进根系下扎，有利于延缓衰老提高粒重，增加穗粒数，并结合浇水于4 月上旬亩追剩余的50%的氮肥。

②浇挑旗水：挑旗期是小麦需水的临界期，此时，灌溉有利于减少小花退花，增加穗粒数，并保证土壤深层蓄水，供后期吸收利用。

（3）生长后期（挑旗——成熟）管理要点。

①防病虫：病虫危害会造成小麦粒秕，严重影响品质。蚜虫是小麦后期常发生的虫害，应切实注意及时防治。

②收获：在蜡熟末期及时收获，在我县以6 月 5～10 日为宜。此时，籽粒的千粒重最高，籽粒的营养品质和加工品质也最优。

3. 病虫害防治

（1）生物防治与农业、物理防治。小麦生产基地内麦田害虫天敌的主要种类有：食蚜蝇、七星瓢虫、中华草蛉等，保护和利用好这些害虫天敌，可以有效地防治麦田害虫，大幅度减少化学农药用量。

农业与物理防治技术，主要包括改善土壤理化性状，实施破坏有害生物的栖息、生活条件的耕、耙技术措施，采取科学施肥，合理灌溉，精细播种。这些措施，对于控制病虫害发生，也具有较重要的作用。

（2）化学防治。麦蚜防治。抽穗至灌浆期（5月上旬），每亩用10%吡虫啉可湿性粉剂10g/亩喷雾防治1次。

4. 适期收获

蜡熟末期籽粒的千粒重最高，籽粒的营养品质和加工品质也最优。蜡熟末期的长相为植株茎秆全部黄色，叶片枯黄，茎秆尚有弹性，籽粒含水量22%左右，籽粒颜色接近本品种固有光泽、籽粒较坚硬。提倡用联合收割机收获，小麦秸秆还田，实行单收、单打、单储。

（二）无公害地膜覆盖花生栽培技术

1. 播前准备工作

（1）选地。花生是深根系作物，适宜在沙壤土或中壤土栽培种植，要求土层深厚1m以上，土壤疏松，地势平坦，排灌水比较方便，通透性好，比较向阳的地块种植。

（2）整地。花生地要普遍进行深中耕20～25cm，耕后及时耙耢，达到"深、平、绒"。翌年早春顶凌耙耱，蓄水保墒。有水地区在播前5～7天，可浇好底墒水，灌水600～900m^3/hm^2。

（3）选种。在无霜期120天左右的地区，一般中等肥力地块，选用发育早，生育期较短的早熟品种，"旅花1号"、"鲁花9号"。在无霜期130天以上的地区，土壤肥力较好的地块，选用"鲁花13号"、"鲁花14号"、"花育16号"等优种。

2. 实施科学安全配方施肥技术

（1）根据花生产量进行科学施肥。在播种前应根据不同花生品种的需肥要求，土壤养分及肥料的质量，通过土壤测试，实行科学平衡施肥技术，不能使用单一肥料。主要花生产量确定适宜的施肥量。

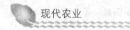

（2）一般单产 7 500kg/hm^2 以上的地块，要求施有机肥料 75～90t/hm^2（有机肥包括厩肥、绿肥、草木灰、沼渣、沼液、作物秸秆肥，饼肥等经过充分沤制的速效有机肥）。施用氮、磷、钾配制的复合肥 750kg/hm^2，过磷酸钙 1 200～1 500kg/hm^2。

（3）种植。花生种植要求一次施足底肥。

3. 地膜覆盖技术

（1）选膜。种植花生选用 85～90cm 的微膜，厚度为 0.008～0.009mm，透光率大于 70%，易被果针穿透，展铺性能好，不粘卷的微膜。

（2）播种方式。水地要求起垄覆盖种植，垄高 10～15cm，垄宽 60cm，垄顶要平，沟宽 2cm，沟深 50cm 为宜。旱地区春播在播前 7～10 天整好地，随后抢墒盖膜以利保墒，到时打孔播种，这种方式叫先覆盖后播种。水地区在播前先浇水后整地再盖膜，到时打也播种。打孔一般要求直径为 2cm，播寻中深度 4～5cm，打孔后将湿土封严，以防跑墒。先播种后覆盖的地块，出苗后在膜上打孔放苗。这种方式适应于机播，在水地，扩浇地和保墒好的旱地均可采用。

（3）铺膜。应将地膜紧贴地面，两边宽度各 10cm，用湿土压严实。膜上每隔 5～10cm 打一条土腰带防风揭膜。有条件的地区，可采用机械铺膜。

4. 播种技术

（1）种子处理。要做到"一选三拌"。"一选"即精选。即精选种子，去掉杂籽、秕籽、小籽。"三拌"即一拌杀虫剂，每 50kg 种子，用辛流磷乳油 150g 拌种；二拌杀菌剂，每 50kg 种子用多菌灵 200g 拌种；三拌微肥，每 50kg 种子用 250g 磷酸二氢钾拌种。

（2）播期。当 5～10cm 的地温达 3～15℃时，即开始播种。

（3）播种深度。播种一般沙壤土 4～5cm，中壤地 3～4cm。

（4）密度。一般在高水肥地，每公顷地留苗 75 000～135 000穴，在中等水肥地每公顷留苗 150 000～180 000穴，一穴两粒种子。

5. 科学管理措施

（1）查苗扩膜。对先盖后种的地块，如遇大风要及时检查，盖好被风揭开的地膜，用湿土严封破口处。

（2）打孔放苗。先播种后覆盖的地块，当花生苗长出 2～3 片叶时要及时放苗。在微膜上开个小口，让其充分通风透光。让幼苗在膜里生长 7～10 天时间，防止低温、大风天气冻伤幼苗。

（3）清棵蹲苗。当花生出苗后，立即把周围的土扒开，使第一对侧枝的两片叶子外露，清棵比对照一般增产 30% 以上。

（4）叶面喷肥。如果幼苗缺肥时，每 667m^2 用 0. 3% 磷酸二氢钾溶液 40kg 加 1kg 尿素，或 2% 的过磷酸钙 40kg 溶液喷施叶面，促进幼苗健壮生长。

（5）调节生长。在高水肥地块，花生营养生长过盛，容易徒长，可采用叶面喷施植物调节济 B9 或缩节胺，喷施浓度为 0. 05% ～0. 1% 为宜，每 667m^2 喷 40kg 即可。缩节胺每亩用 2～3g 对水 40kg 喷施，起控制花生的营养生长，促进生殖生长，使其多结果，结饱果。

（6）浇水追肥。在花生的花针期，如天不下雨，土壤耕层 50cm 含水量低于 10% 时，应结合亩追尿素 7～10kg 进行浇水，浇水时以顺畦沟缓慢浸润，浇匀，浇透，避免大水漫灌。

（7）及时收获。如果收获过迟，花生会脱落在土壤里减少收入。收获后将荚果晾晒 5～7 天，待水分降到 10% 以下时即可收藏，花生收获后应及时清除田间残膜。

6. 病虫害防治技术

（1）花生生长后期，常见病害为叶斑病，防治措施秋季深耕，避免连作，选用抗病品种；药剂防治。

（2）地上害虫主要是蚜虫，红蜘蛛为害，可用避蚜雾防治。

（3）严格禁止使用未经国家及省级有关部门检验的“三无农药”，严格禁止使用高毒，高残留的农药，如甲胺磷，3911、氧化乐果，水胺硫磷，内吸磷等农药。

第四节 无公害农产品的认证

一、无公害农产品认证的定义

农产品质量认证始于20世纪初美国开展的农作物种子认证，并以有机食品认证为代表。到20世纪中叶，随着食品生产传统方式的逐步退出和工业化比重的增加，国际贸易的日益发展，食品安全风险程度的增加，许多国家引入“农田到餐桌”的过程管理理念，把农产品认证作为确保农产品质量安全和同时能降低政府管理成本的有效政策措施。于是，出现了HACCP（食品安全管理体系）、GMP（良好生产规范）、欧洲EurepGAP、澳大利亚SQF、加拿大On－Farm等体系认证以及日本了JAS认证、韩国亲环境农产品认证、法国农产品标志制度、英国的小红拖拉机标志认证等多种农产品认证形式。

我国农产品认证始于20世纪90年代初农业部实施的绿色食品认证。2001年，农业部提出了无公害农产品的概念，并组织实施“无公害食品行动计划”，各地自行制定标准开展了当地的无公害农产品认证。在此基础上，2003年实现了全国统一的无公害农产品认证。无公害农产品认证工作是农产品质量安全管理的重要内容。开展无公害农产品认证工作是促进结构调整、推动农业产业化发展、实施农业名牌战略、提升农产品竞争力和扩大出口的重要手段。

二、材料要求

申请人可以直接向所在县级农产品质量安全工作机构（简称“工作机构”）提出无公害农产品产地认定和产品认证一体化申请，并提交以下材料。

（1）《无公害农产品产地认定与产品认证申请书》）；

（2）国家法律法规规定申请者必须具备的资质证明文件（复印件）（如营业执照、注册商标、卫生许可证等）；

（3）《无公害农产品内检员证书》（复印件）；

（4）无公害农产品生产质量控制措施；

（5）无公害农产品生产操作规程；

（6）符合规定要求的《产地环境检验报告》和《产地环境现状评价报告》或者符合无公害农产品产地要求的《产地环境调查报告》；

（7）符合规定要求的《产品检验报告》；

（8）以农民专业合作经济组织作为主体和“公司＋农户”形式申报的，提交与合作农户签署的含有产品质量安全管理措施的合作协议和农户名册（包括农户名单、地址、种养殖规模）；如果合作社申报材料中填写的是“自产自销型、集中生产管理”，请提供书面证明说明原因，并附上合作社章程以示证明；

（9）大米、茶叶、咸鸭蛋、鲜牛奶等初级加工产品还需提供以下材料：

①加工技术操作规程，

②加工卫生许可证复印件或全国工业产品生产许可证复印件；如果是委托加工的，需提供委托加工协议和受委托方的加工卫生许可证复印件或全国工业产品生产许可证复印件；

（10）水产类需要提供产地环境现状说明，区域分布图和所使用的渔药外包装标签；

(11) 无公害农产品产地认定与产品认证现场检查报告；

(12) 无公害农产品产地认定与产品认证报告；

(13) 规定提交的其他相应材料。

三、工作流程

(一) 县 (区) 级工作

县 (区) 级工作机构自收到申请之日起 10 个工作日内，负责完成对申请人申请材料的形式审查。符合要求的，在《无公害农产品产地认定与产品认证报告》以下简称《认证报告》) 签署推荐意见，区级连同申请材料报送地级工作机构，县级直接报送省级工作机构审查。不符合要求的，书面通知申请人整改、补充材料。

(二) 地级工作

地级工作机构自收到申请材料、区级工作机构推荐意见之日起 15 个工作日内，对全套申请材料进行符合性审查，符合要求的，在《认证报告》上签署审查意见报送省级工作机构。不符合要求的，书面告之区级工作机构通知申请人整改、补充材料。

(三) 省级工作

省级工作机构自收到申请材料及县、地两级工作机构推荐、审查意见之日起 20 个工作日内，应当组织或者委托地县两级有资质的检查员按照《无公害农产品认证现场检查工作程序》进行现场检查，完成对整个认证申请的初审，并在《认证报告》上提出初审意见。通过初审的，报请省级农业行政主管部门颁发《无公害农产品产地认定证书》，同时，将申请材料、《认证报告》和《无公害农产品产地认定与产品认证现场检查报告》及时报送部直各业务对口分中心复审。未通过初审的，书面告之地、县级工作机构通知申请人整改、补充材料。

（四）农业部农产品质量安全中心

农产品质量安全中心对材料审核、现场检查（限于需要对现场进行检查时）和产品检测结果符合要求的，自收到现场检查报告和产品检测报告之日起，30 个工作日内颁发无公害农产品认证证书。不符合要求的，应当书面通知申请人。

无公害农产品认证证书有效期为 3 年，期满需要继续使用的，应当在有效期满 90 日前按照无公害农产品复查换证的要不得，进行复查换证。

四、认证申请

第一条　凡符合《无公害农产品管理办法》规定，生产产品在《实施无公害农产品认证的产品目录》内，具有无公害农产品产地认定有效证书的单位和个人（以下简称申请人），均可申请无公害农产品认证。

第二条　申请人从中心、分中心或所在地省级无公害农产品认证归口单位领取，或者从中国农业信息网下载《无公害农产品认证申请书》及有关资料。

第三条　申请人直接或者通过省级无公害农产品认证归口单位向申请认证产品所属行业分中心提交以下材料（一式两份）（具体见本节材料要求）。

第四条　分中心自收到申请材料之日起，在 10 个工作日内完成申请材料的审查工作。

第五条　申请材料不符合要求的，中心书面通知申请人，本生产周期内不再受理其申请。

第六条　申请材料不规范的，分中心书面通知申请人补充相关材料。申请人在规定的时间内按要求完成补充材料并报分中心。分中心在 5 个工作日内完成补充材料的审查工作。

第七条　申请材料符合要求但需要对产地进行现场检查的，

分中心组织检查员和专家组成检查组，进行现场检查。现场检查不符合要求的，中心书面通知申请人，本生产周期内不再受理其申请。

第八条 申请材料符合要求（不需要对申请认证产品产地进行现场检查的）或者申请材料和产地现场检查符合要求的，分中心书面通知申请人委托有资质的检测机构对其申请认证产品进行抽样检验。

第九条 产品检验不合格的，中心书面通知申请人，本生产周期内不再受理其申请。

第十条 中心在5个工作日内完成对材料审查、现场检查（需要时）和产品检验的审核工作。组织评审委员会专家进行全面评审，在15个工作日内作出认证结论。

(1) 同意颁证的，中心主任签发《无公害农产品认证证书》；

(2) 不同意颁证的，中心书面通知申请人。

第十一条 中心根据申请人生产规模、包装规格核发无公害农产品认证标志。

第十二条 《无公害农产品认证证书》有效期为3年，期满如需继续使用，证书持有人应当在有效期满90日前按本程序重新办理。

第十三条 任何单位和个人（以下简称投诉人）对中心检查员、工作人员、认证结论、委托检测机构、获证人等有异议的均可向中心提出投诉。

第十四条 中心应当及时调查、处理所投诉事项，并将结果通报投诉人。

第十五条 投诉人对中心的处理结论仍有异议，可向农业部和国家认证认可监督管理委员会投诉。

第五章　有机农业

第一节　有机农业的内涵及特征

一、有机农业产生的背景

有机农业能够发展的原因是多方面的。现代农业过分依赖能源和化学品，不但提高了生产成本，且在能源危机时可能引发大问题；化学除草剂杀虫剂，虽然一时有明显的效果，却导致了害虫的抗药性。瞻望前途，值得担心；现代农业容易造成土壤侵蚀，土壤有机质和植物养分的流失和土壤肥力的下降，导致土壤不同程度的退化，削弱了农业持续发展力；农用化学品会污染地表水和水体富营养化，恶化水质；农药不仅会杀死害虫，同时，也会杀死天敌，在一定程度上加速生物多样性的丧失。农药和饲料添加剂可能对人畜安全带来威胁或潜在的威胁；同时，农药还会使人类的食品的品质下降。加上现在人们对环境保护意识的增加，因此，出现了大量的理论呼吁者、实践者，即有机农业生产经营者。

二、有机农业的内涵

有机农业的概念还比较多，目前，还不能用一个简单而明确的语句来表达，因此，给出欧洲、美国和中国不同国家或地区对有机农业的界定，以供参考。

（一）欧洲对有机农业的定义

有机农业是一种通过有机肥料和适当的种植、养殖措施，以达到提高土壤的长效肥力的系统。有机农业生产中仍可使用有限的矿物质，但不允许使用化学肥料；可以通过自然的方法而不是通过化学物质控制杂草和病虫害。

（二）美国对有机农业的定义

有机农业是一种完全不用或基本不用人工合成的肥料、农药、植物生长调节剂、饲料添加剂的生产体系。在这一体系中尽可能地采用轮作、作物秸秆、厩肥、豆科作物、绿肥，农场以外的有机废弃物和生物防治病虫害的方法，来保持土壤耕性和土地生产力，供给作物营养并防治病虫害和杂草。

（三）中国对有机农业的定义

遵照一定的农业生产标准，在生产中不采用基因工程获得的生物及其产物，不使用化学合成的农药、化肥、植物生长调节剂、饲料添加剂等人工合成的物质，遵循自然规律和生态学原理、协调种植业和养殖业的平衡，采用一系列可持续发展的农业技术、维持持续稳定的农业生产体系。

三、有机农业的特征

根据有机农业的定义，从长远来说，实行有机农业可以保证一个更为稳定有支持能力，有盈利的农业制度。因此，有机农业有以下特征。

（1）有机农业代表一定范围内的一种农业生产方法的广泛概念。

（2）实行有机农业的农场规模多是在 4～20hm^2 的小型农场，但也有 100 多 hm^2 的大型农场，但都是生产水平较高，经营管理完善的农场。

（3）3 向有机农业转变的动力主要是来自于对土壤、人类和畜牧健康的保护，防止农药、化肥的潜在性危害，期望减少能源与物质的投入以及对生态环境资源的担心。

（4）有机农业在限制化肥、农药使用的同时，仍采用新型农机具、优良品种以及科学的有机废弃物管理方法和水土保持措施。

（5）大部分有机农场仍采用包括豆科作物在内的轮作技术，以保证土壤有足够氮素的供应。

（6）养殖业是有机农场经营中的一个重要组成部分。

（7）有机农业几乎是劳动密集型，需要较多的人力、畜力，但投入能源较少。

四、当前我国发展有机农业的现实意义

（1）发展有机农业可减少对环境的压力、降低不可再生能源的消耗、减少环境污染，有利于生态环境的恢复。特别是经历了 2013 年雾霾天气的洗礼、癌症村地图和镉米地图的在网络上的流传，对于提高人们环保意识起到了极大的推动作用，也促使人们更加注重农产品质量安全。

（2）有机农业在经济收入方面并非处于劣势，这主要体现在有机农业低投入，价格相对高、销售环节少等方面。根据联邦德国农业部的农业年度报告，以有机农业方式从事生产的企业的多年平均纯收入水平，无论是按单位土地利用面积、单位劳动力和农户计算，均至少不低于常规生产方式生产的同类农业企业。

（3）向社会提供富营养、高品质、口味好的食品，有助于改善消费者的饮食健康状况和食品安全。

（4）开发有机食品有助于提高农产品质量，增加我国农产品的市场竞争力，促进经济的协调发展。我国加入 WTO 后，为了增加我国农产品在国际市场上的竞争力，就必须提高产品质量，同时，发达国家有机食品市场上的绝大多数都是靠进口来维

持，因此，大力发展有机农业，就可以促进我国经济的协调发展。

(5) 有机农业有利于增加就业机会，为农民增收广开门路。有机农业需要投入更多的劳动力，有利于解决农村剩余劳动力，减轻了农村人口向城市转移的压力，同时，有机农业在我国农业结构调整中也会发挥更大的作用。

五、有机农业发展趋势

(一) 由单一、分散、自发的民间活动转向全球性的农业运动

有机农业在“二战”以前就开始在一些西方国家实施。起初只是由个别生产者针对局部市场的需求而自发地生产某种产品，以后逐步由这些生产者自发组合成区域性的社团组织或协会等民间团体，自行制定规则或标准指导生产、加工，并相应产生一些专业民间认证管理机构。由于它的产生是自发的，在管理、检查、监督等方面不可能形成完善的体系。20 世纪 90 年代后，特别是进入 21 世纪以来，实施可持续发展战略得到全球的共同响应，可持续农业的地位也得以确立，有机农业作为可持续农业发展的一种实践模式和一支重要力量，进入了一个蓬勃发展的新时期，无论是在规模、速度还是在水平上都有了质的飞跃。这一时期，全球有机农业使绿色食品生产发生了质的变化，即由单一、分散、自发的民间活动转向政府自觉倡导的全球性生产运动。

(二) 由关心环保到关注环保和食品安全

有机农业发展前期，由于规模和信息等方面的原因，生产的有机食品很少为人所知和接受。发展的主要目的是为了拯救环境，解决农业可持续发展问题。自 20 世纪 90 年代以来，特别是欧洲发生疯牛病事件以来，由于食品的有害物质含量超标以及人

畜共患疫病的传播带来的对人体健康的危害，消费者由关心环境问题转向关注环境和食品的安全健康问题。

（三）由绿色食品扩大到绿色产品

在现代化和商品化生产条件下，一个绿色食品从生产到消费不是孤立的。为了生产绿色食品，要求各种投入和产后的加工、包装和运输等，也必须是绿色的。只有保证各种投入和产出的加工、包装和运输设备的有机成分达到一定的要求，才能生产加工出绿色食品。为此，便提出了绿色产品的概念，即在投入领域，采用包括生物农药、有机肥料、有机饲料、有机兽药等有机农业生产资料；在产出加工领域，采用包括有机添加剂、有机加工和运输设备、有机包装材料及没有被农药、化肥及禁用药物污染的产品。

（四）有机食品认证国际化

有机产品认证标准是评价产品质量优劣程度和加工企业、贸易企业生产经营行为好坏程度的尺度，是国家发展有机产品政策的具体体现，是强化有机产品管理的基本保证。有机产品认证标准在推动有机食品发展工作中具有十分重要的作用，它是执行有机食品管理法规的基本手段；是规范有机食品生产、经营和认证活动的基本依据；是强化有机食品管理的技术基础；是推动有机食品发展的动力。因此，各国都很重视。随着经济的全球化，有机食品的国际认证成为发挥各国经济优势和扩大出口的关键。因此，争取国际标准认证是发展本国绿色食品生产的前提条件。

（五）从事有机农业的农场数量空前增加

据估计，目前，欧洲的有机农场总数已从 1986 年的 7 800家增至 2000 年的近 10 万家，其中，德国约有 8 000个有机农场，意大利的有机农场从 1996 年的 1.8 万个增加到现在的 4 万个，澳大利亚有超过 2 万个有机农场，占农业的比重约为 10%。在非洲，虽然有机农业发展速度不及其他地区，但其发展同样引人注目，例如，在乌干达和坦桑尼亚分别有 7 000 个和 4 000 个有机农场。

（六）由区域性布局转向全球性布局

虽然全球有机食品消费出现了大幅度增长，但主要集中在欧洲、美国、日本等一些发达国家。这是因为消费有机食品需要支付较高的价格。根据国际贸易中心估测，在 2000 年全世界 175 亿美元有机食品和饮料零售总额中，美国最多，为 80 亿美元，其次是日本，25 亿美元，德国 2 300 万美元，瑞士 470 万美元，丹麦 360 万美元，奥地利 260 万美元。但是发达国家需要的有机产品，特别是干果类产品，很多都不是在本国生产或加工的，必须从世界各国进口。例如，欧洲贸易商不断寻求潜在的有机产品货源，包括咖啡、茶叶、谷物、坚果、干果、香料和食糖，对中国需求较多的产品主要有豆类、谷物、茶叶、速冻蔬菜等；日本的有机农产品市场的构成为大豆加工品、冷冻蔬菜、果汁制品、食用植物油、茶叶、咖啡类、调料、大米等。其中，大部分需要进口。由于消费者对有机食品需求的不断增长，为全球有机农业生产和贸易提供了新的发展和市场机遇。

第二节　有机农业的理论基础

一、有机农业的生态学基础

有机农业是社会经济过程和自然生态过程相互联系、相互交织的生态经济有机体。有机农业生态系统包括生态系统、农业经济系统和农业技术系统，这些系统按照各自的组织原理，最终使复合型生态经济系统结构合理、功能健全、物质流、信息流、价值流皆可正常流动、系统稳定、净生产量最大且可持续发展。在该系统中，经济增长与生态稳定程度之间存在一种协调发展的作用机制，以技术为中介和手段，实现经济生态的协调发展。

（一）生态因子作用的综合性

生态环境是许多环境因子的综合作用的结果，进而对生态系统起着综合作用。各个因子之间不是孤立的、而是相互联系，相互制约的，环境中的任何一个因子的变化，都将引起其他因子不同程度的变化。

（二）最小因子律和忍、耐性定律

1. 最小因子律

19 世纪，德国化学家李比希在研究谷物的产量时，谷物产量并不是因需要大量营养物质而限制，而是取决那些在土壤中极为稀少，且为植物所必需的元素，如果环境中缺乏其中的一种，植物就会发育不良，如果这种物质处于最少状态，植物的生长量就最少。以后人们将这一发现称之为最小因子定律。而影响植物生长发育的这个最小因子就是限制因子。

2. 忍性定律

1913 年，Shelford 提出的忍性定律。其主要内容：具有对所有环境因素忍性较广的有机体分布较广；某种有机体可能对某一因素忍性较广，而对另一因素忍性较窄；外界环境条件对某一因素不适合时，可能对其他因素的忍受界限也将缩小；当环境因素受限制时，繁殖时期往往是关键。

3. 耐性理论

1931 年，Good 提出的主要内容：每种植物只适宜于在一定气候土壤范围内生长发育；耐性和适应能力是由遗传进化规律控制的，是一种专有的特性；耐性的改变有可能表现在形态上，也有可能不表现在形态上。相同耐性的种在形态上差异很小，但形态相同的种不一定耐性相同。

（三）生态因子的不可替代性和部分补偿性

生态因子是生物生活所必需的条件，对生物的作用虽不是等价的，但都是同等重要的和不可缺少的。如果缺少其中任何一个因子，就会引起生物的生长受阻，甚至死亡，因此，生态因子中的任何一个因子，都不能由另外一个因子来代替，这就是生态因子的不可替代性和同等重要性定律。但是，在一定条件下，某一因子在量上的不足，可以由相关因子的增强而得到部分补偿，并有可能得到相近的生态效果，但是要注意生态因子的补偿作用并非是普遍和经常的。

（四）生态因子作用的阶段性

因生物生长发育不同阶段对生态因子的需求不同，因此，生态因子对生物的作用也具有阶段性，这种阶段性是由生态环境的规律性变化所造成的。

（五）生态因子的直接作用和间接作用

区分生态因子的直接作用和间接作用对认识生物的生长、发育、繁殖及其分布都很重要。环境中的地形因子，其起伏程度、坡向、坡度、海拔高度、经纬度等对生物的作用不是直接的，但它们影响光照、温度、水分等因子的分布，因而对生物产生间接作用，这些地方的光照、温度、水分状况则对生物类型、生长、分布起着直接作用。

二、有机农业的经济理论

（一）有机农业的生产观

有机农业生产的主要特征之一是注重经济效益，在生态良性循环的前提下，给农民带来经济效益，同时，使国家和地方受益。

有机农业的生产观是把生产看作是人类为了提高物质生活和精神生活水平，在保护生态环境和自然资源的前提下，保持人类社会健康发展，通过合理改造自然利用自然创造物质财富的过程。有机农业生产不仅规定了生产的实质内容，而且强调指出那种污染人类生产环境和破坏资源的活动不是有机农业。

（二）有机农业的价值观

有机农业的价值观是指在不同所有制条件下，所有能够被人们直接或间接利用的，参与市场交换的资源和产品，这些商品可以是劳动产品，也可以是自然资源，自然产物，可以是有形的，也可以是物的使用权或所有权。

（三）机农业的消费观

有机农业的消费观要求人们除了满足个人生活各种物质外，还应注意有益于人类健康和回归自然的生态消费。包括满足物质资料生产和自然资源消费、自然的消费、维持生存和促进新陈代谢的消费。

三、有机农业的环保理论

（一）污染的控制

有机农业禁止使用化肥、农药，杜绝了化肥、农药对土壤、水体、生态环境和食品的污染，其本身就是一种环境保护措施。

（二）污染物的降解

有机农业并不像绿色食品那样，必须在环境清洁的条件下才能生产。在有轻度污染的城郊结合处改造环境开发有机食品，使环境条件达到有机食品的生产要求，其对环境保护的贡献远比利用和保护现有环境条件更大。

（三）畜禽粪便与农村环境

有机农业强调以有机肥作为土壤培肥的主要手段，充分、合理地利用有机肥，可解决农村环境和畜禽粪便污染。

（四）秸秆综合利用

有机农业提倡利用秸秆还田来保持和增加土壤有机质含量，将禁止焚烧的指令性行为逐步转变为变废为宝的自觉行动。在种养结合的农场，秸秆过腹还田，既发展了养殖业，又充分利用了农业废弃物。

（五）生态环境保护

有机农业要求建立良好的生态环境、保持生态平衡这有利于水土保持和蓄水保肥。

总之，有机农业是解决大环境，城镇农村环境和农田生态环境的有效途径。这种生产方式的宗旨和特征是从系统论出发来考虑问题和进行行动，以维护环境、节省能源的方式来生产出健康的食品。

第三节　有机农业的操作规程

一、有机农业的标准

（一）标准的概念

标准是人们对科学、技术和经济领域中重复出现的事物和概念，结合生产实践，经过论证、优化、由有关各方充分协调后共同遵守的技术性文件，随着科学技术的发展和生产经验的总结而产生的发展的。可以说，每项标准都集中了过去和现代的知名专家、学者的科研成果，是某个研究领域科学技术的高度浓缩与概括，是某一生产技术长期经验高纯度结晶。它来自于生产，反过来又为生产服务。标准也是一种技术规范，是以人们已掌握的科学技术理论、原理方法去指导约束、限制人们在社会生产中的技术性活动；告诉人们如何使自己的产品符合要求，还告诉人们在某项生产活动中的工作程序、工作要求、工作方法等。目的在于帮助和促进人们掌握科学技术，避免因科学技术行为不当造成不良后果的现象发生。

（二）有机农业的标准

有机农业标准发展至今，已初步形成了世界范围内不同层次的标准体系，主要表现在国际水平、地区水平、国家水平和认证机构水平等 4 个方面。

（1）从国际水平上看，有机标准有 IFOAM 的基本标准。IFOAM 基本标准和准则作为国际标准已在 ISO 注册，是地区标准、国家标准和认证机构自身标准的基础，是标准的标准。IFOAM 基本标准每两年进行一次修改。

（2）从地区水平上看，有欧盟标准。1991 年 EU 有关有机农业的规则被发表于 EU 的官方刊物。1999 年 12 月，EU 委员会执定通过了有机产品的标志，这个标志可以由 EU2092/91 规则下的生产者使用。EU 关于有机生产的 EU2092/91 规则中有很多对消费者和生产者的保护。此外，其他地区目前仍未有自成一体的标准体系。

（3）从国家水平上看，除了 15 个欧盟成员国外，日本、阿根廷、巴西（草稿）、澳大利亚、美国、智利、匈牙利、以色列、瑞士等国家都有自己的标准。不同国家的有机标准的发展历程各异，但共同的特点是发展历史短，主要集中在近 10 年。

（4）从认证机构水平上看，基本上每一个认证机构都建立了自己的认证标准。这里需要说明的是一个国家可以有一个认证机构，也可以有多个认证机构，这些认证机构多数是民间的，也可以是官方的（如中国的认证机构 OFDC）。不同认证机构执行的标准都是在 IFOAM 基本标准的基础上发展起来的，但侧重点有差异。

二、有机农业对产地环境要求——以有机种植业为例

（一）环境条件

有机生产基地是有机产品的初级产品、加工产品、牲畜饲料的生长地、产地的生态环境条件直接影响有机产品的质量，因此，开发有机食品必须合理选择有机食品产地。

环境条件主要包括大气、水、土壤等环境因子。

选择空气清新，水质纯净、土壤未受污染或污染程度较轻，具有良好农业生态环境的地区。生产基地应避开繁华的都市、工业区和交通要道的中心，在周围不能有污染源，特别是上游或上风口不能有有害物质或有害气体排放。

农田灌溉水、渔业水、牲畜饮用水和加工用水必须达到国家规定的有关标准，在水源和水源周围不能有污染源或潜在污染源。

土壤重金属的背景值位于正常值区域，周围没有金属或非金属矿山，没有严重的农药、化肥、重金属的污染，同时，要求土壤具有较高的土壤肥力和保持土壤肥力的有机肥源。

（二）社会条件

有充足的劳动力从事有机农业的生产。

（三）生态条件

1. 基地的土壤肥力及土壤检测结果分析

分析土壤的营养水平和有机农业的土壤培肥措施。

2. 基地周围的生态环境

包括植被的种类，分布、面积、生物群落的组成；建立与基地一体化的生态控制系统，增加天敌等自然因子对病虫害的控制和预防作用，减轻病虫害的危害和生产投入。

3. 基地内的生态环境

包括地势、镶嵌植被、水土流失情况和保持措施。若存在水土流失，在实施水土保持措施时，选择对天敌有利，对害虫有害的植物，这样既能保持水土，又能提高生物多样性。

4. 隔离带和农田林网的建立

一是起到与常规农业隔离的作用；二是起到有机田块的标识、示范、宣传、教育的作用。其宽度应与周围作物的种类和作物的生长季节的风向有关；隔离带的树种和类型（多年生还是一年生；乔木还是灌木；诱虫植物还是驱虫植物等）因情况而定。

（四）种植历史

一是种植作物的种类和种植模式；二是种植业的主要构成和经济地位；三是经济作物种植的种类、比例、效益；四是当地主要的病虫害种类和发生的程度；五是作物的产量；六是肥料的种类、来源和土壤肥力增加的情况；七是病虫害防治方法。

三、有机农业生产基地的转换

（一）有机农业转换的概念

有机农业转换是指在一定的时间范围内，通过实施各种有机农业生产技术，使土地全部达到有机农业生产标准要求。

有机转换期是指从有机管理开始直到作物或畜禽获得有机认证之间的这段时间。

（二）有机农业转换时间

改造、建设环境由常规农业向有机农业的转换时间通常需要2～3年的时间，其后播种的作物收获后，才能作为有机产品。

对1年生作物，有机转换期为2年，产品只有达到有机食品标准全部要求的2年后，才能以有机产品的名义出售。如果在实施转换的前1年，已使用了与有机农业十分类似的农业生产技术和管理，可根据生产者所提供的档案材料，经认证组织确认后，转换期可以减少1年；如果在转换期内，技术和管理工作没有达到有机农业的基本要求，将延长转换时间。

对多年生植物，转换期为3年，产品只有达到有机食品标准的全部要求的3年后，才可以冠名有机产品。

新开荒、撂荒多年没有农业利用的土地以及一直按照传统农业方式种植的土地，都要经过至少1年的转换期才能获得有机产品的颁证。

已经通过有机认证的农场一旦回到常规农业生产方式，则需要重新经过有机转换后才能再次获得有机颁证。

（三）有机转换的内容

（1）制定增加土地肥力的培肥制度。

（2）制定持续供应系统的肥料和饲料计划。

（3）制定合理的肥料管理计划和有机食品生产配套的技术和管理措施。

（4）创造良好的生产环境，减少病虫害的发生，并制订开展农业、生物和物理防治的计划和措施。

（四）有机转换计划的制订

（1）对基地或企业的基本情况进行调查和分析，了解企业或实施有机生产的种植面积、种植历史、养殖规模和生产的管理，明确转换的目标。

（2）设计未来的农业生产体系的概况和将要面临的问题。

（3）必须解决与有机农业思想和有机食品标准相违背的问题。

（4）在专家的指导下，精心拟订一个详细的转换计划，包括作物的茬口安排，水土保持的措施；有机肥的堆制、施用；土壤耕作；灌溉的方式；预防性的植物保护措施；生态环境的设计及利用；档案的格式、记录与保管。

四、有机农业的土壤培肥与施肥技术

（一）有机农业对土壤及其肥力的要求

（1）土层深厚。土层深厚才能为作物生长和发育提供充足的水分和养分。

（2）土壤固、液、气三相比例适当。一般土壤中，固相为40%、液相为20%～40%、气相为15%～37%。

（3）土壤质地疏松。土壤质地关系到土壤的温度，通气性、透气性、透水性、保水性和保肥性能。质地过于沙，通透性好，而保水保肥性差，土壤升温快，土温高；相反，质地过黏，通气透水性差，而保水保肥性好，土壤升温慢，土壤温度低。因此，质地疏松的土壤，最适合作物根系的生长和正常发育。

（4）土壤温度适宜。土壤温度直接影响到植物根系的生长、活动和土壤生物的生存。

（5）土壤酸碱度适中。多数作物适应的土壤酸碱度为6.5~7.5。

（6）土壤有机质含量高。土壤有机质代表土壤供肥的潜力及稳产性是评价土壤肥力的一个重要的综合指标。土壤有机质大于2%为肥沃土壤，1%为中等肥力土壤，小于0.5%为贫瘠土壤。

（7）土壤生物丰富。土壤生物指标应包括土壤微生物的生物量、微生物的活性、微生物的群落结构、土壤生物多样性、土壤酶等。利用生物指标可以监测土壤被污染的程度，反映土地种植制度和土壤管理水平。

（二）有机农业土壤培肥技术

1. 土壤施肥量的确定

作物施肥数量的多少取决于作物产量需要的养分量、土壤供肥能力、肥料利用率，作物栽培要求等因素，其中根据作物经济产量，确定有效的施肥量，是保证植物营养平衡和持续稳产的关键。

2. 施肥技术

（1）肥料种类的选择要求有机化、多元化、无害化、低成本。

（2）肥料种类主要有农家肥、堆沤肥、矿物肥料、菌肥。

（3）施肥时期。基肥的使用要遵循数量要大、防止损失、肥效持久；要有一定的深度，养分要完全。

种肥是播种（或定植）时施于种子或幼苗附近，或与种子混播，或与幼株混施的肥料。

施用种肥时要按照速效为主，数量和品种要严格的原则进行。用量不宜过大，还要注意使用方法，否则，就会影响种子发芽和出苗。

（4）施肥方式主要有撒施、条施、穴施、环施和放射状施等。

五、有机农业的病虫草害防治技术

有机农业是一种完全或基本不用人工合成的化肥、农药、除草剂、生长调节剂的农业生产体系，要求在最大范围内尽可能依靠作物轮作、抗病虫品种和综合应用其他各种手段控制作物病虫害的发生。它要求每个有机农业生产者从作物、病虫害等生态系统出发，综合应用各种农业的、生物的、物理的防治措施，创造不利于病虫草孳生和有利于各类自然天敌繁衍的生态环境，保证农业生态系统的平衡和生物多样化，减少各类病虫草害所造成的损失，逐步提高土地生产力，达到持续、稳定增产的目的。从事有机农业生产，既可保护环境，减少各种人为的环境和食品污染，又可降低生产成本，提高经济效益。

（一）病害防治技术

1. 农业防治

农业防治也称环境管理或栽培防治。其目的是在全面分析寄主植物、病原物和环境因子三者相互关系的基础上，运用各种农业调控措施，减少病原物数量，提高植物抗病性，创造有利于植物生长发育而不利于病害发生的环境条件。农业措施大多是农田管理基本措施。主要包括抗病品种的应用、建立合理的种植制度，其中，轮作是一种古老的防病技术。保持田园卫生，清除收获后遗留的病株残体，生长期拔除病株与铲除发病中心，施用净肥以及清洗农机具、工具、架材、农膜、仓库等。同时，还要加强栽培管理，改进栽培技术、合理调节环境因子，改善栽培条件，调整播期，优化水肥管理等都是重要的农业防治措施。

2. 生物防治

生物防治措施通过调节植物周围的微生物环境减少病原物接种体数量，降低病原物致病性和抑制病害的发生。同时调节土壤环境，增强有益微生物的竞争能力是控制植物根病的一项措施。向土壤中添加有机质，可以提高土壤碳氮比，有利于拮抗菌的发育，能显著减轻多种根病。利用耕作和栽培措施，调节土壤酸碱度和土壤物理性状，也可以提高有益微生物的抑病能力。如酸性土壤有利于木霉孢子萌发，增强对立枯丝核菌的抑制作用；而碱性土壤有利于诱导光假单孢杆菌的抑病性。

3. 物理防治

物理防治主要是利用热力、冷冻、干燥、电磁波、超声波等手段抑制、钝化或杀死病原物，达到防治病害的目的。各种物理方法多用于处理种子、苗木、其他繁殖材料和土壤。

（二）虫害防治

1. 生物防治措施

生物防治是一门研究和利用寄生性天敌、捕食性天敌以及病原微生物来控制害虫的理论与实践技术。我国是世界上最早利用天敌昆虫防治害虫的国家。害虫天敌的种类按其作用方式分为寄生性天敌、捕食性天敌、昆虫病原微生物三大类。

2. 物理防治措施

物理防治也称为物理机械防治，根据有害生物的某些生物学特性，利用各种物理因子、人工和器械防治有害生物的植物保护措施。常用的方法有人工和简单机械捕杀、温度控制、诱杀、隔阻等。物理防治见效快，常常可把病虫消灭在盛发期前，也可作为害虫大量发生时的一种应急措施。

3. 药物防治

生物农药包括除了组成整个生物界的三大生物，即植物、微生物和动物。可以说生物农药包含了地球上所有类别的生物。

4. 农业防治措施

农业防治是在掌握农业生态系统中作物—环境—有害生物三者相互关系的基础上，充分利用农业生产过程中各种耕作、栽培和田间管理措施，有目的地创造有利于作物生长发育而不利于有害生物发生、繁殖和为害的环境条件，以达到控制其数量和为害，保护作物的目的。农业防治措施主要包括耕作防治、改进耕作制度、种植诱集植物、调整播种方式和密度、抗虫品种的利用等。

（三）杂草防治方法

杂草防治是将杂草对人类生产和经济活动的有害性降低到人们能够承受的范围之内。杂草的防治不是消灭杂草，而是在一定的范田内有效控制杂草。

1. 物理性除草

物理性除草是指用物理性措施或物理性作用力，如机械、人工等，致使杂草个体或器官受伤受抑或致死的杂草防治方法。它可根据草情、苗情、气候、土壤和人类生产、经济活动的特点等条件，运用机械、人力、火焰、电力等手段，因地制宜地适时防治杂草。物理性治草对作物、环境等安全、无污染，同时，还兼有松土、保墒、培土追肥等有益作用。

2. 农业防治

农业防治是指利用农田耕作、栽培技术和田间管理措施等控制和减少农田土壤中杂草种子基数，抑制杂草的出苗和生长，减轻草害，降低农作物产量和质量损失的杂草防治的策略方法。农业治草是杂草防治中重要的和首要的一环。

土地耕耙、镇压或覆盖、作物轮作、水渠管理等均能有效地抑制或防治杂草。应当根据作物种类、栽培方式、杂草群落的组成结构、变化特征以及土壤、气候条件和种植制度等的差异综合考虑、配套合理运用，才能发挥更大的除草作用。

3. 生态防治

生态治草是指在充分研究认识杂草的生物和生态学特性、杂草群落的组成和动态，以及“作物—杂草”生态系统特性与作用的基础上，利用生物的、耕作的、栽培的技术或措施等限制杂草的发生、生长和危害，维护和促进作物生长和高产，而对环境安全无害的杂草防治实践。通过各种措施的灵活运用，创造一个适于作物生长、有效地控制杂草的最佳环境，保障农业生产和各项经济活动顺利进行。

4. 生物防治

生物防治就是利用不利于杂草生长的生物天敌，像某些昆虫、病原真菌、细菌、病毒、线虫、食草动物或其他高等植物来控制杂草的发生、生长蔓延和危害的杂草防治方法。生物治草的目的不是根除杂草，而是通过干扰或破坏杂草的生长发育、形态建成、繁殖与传播，使杂草的种群数量和分布控制在经济阈值允许或人类的生产、经营活动不受其太大影响的水平之下。在杂草生物防治作用物的搜集和有效天敌的筛选过程中，必须坚持“安全、有效、高致病力”的标准。在实行生物治草的过程中，无论是本地发现的天敌还是外地发现的天敌，都必须严格按照有关程序引进和投放，特别需要做的是寄主专一性和安全性测验。通过这种测验来明确天敌除能作用于目标杂草外，对其他生物是否存在潜在的危害性。

第四节 有机农产品的认证程序

有机农产品认证程序主要包括以下内容。

（1）申请者向认证中心提出书面申请，填写申请表格；索取有关标准的要求（欧盟标准、美国NOP、日本JAS和中国标准等），欧盟解释性的标准见ECOCERTC，美国解释性的标准见ECOCERTC（US）。

（2）中心在收到申请者填写的表格后进行初步的审核。

（3）中心起草一份认证费用预算，由项目经理负责确认，并初步确定检查时间和执行审查的检查员。

（4）中心将费用预算发给申请者，由申请者签字确认费用预算并签订检查合同。

（5）申请者与中心签订合同，保证遵守相应标准的要求，允许检查员检查标准中要求检查的有关设施和地点、最新的文件和记录等相关材料、访问相关人员。

（6）申请者收到发票后需在发票的有效期内交纳70%的费用。

（7）检查员对实地（包括农场，加工和出口）进行检查。

（8）检查员将编写完成的检查报告和申请者提供的检查资料以及相关文件材料，提交中心，中心将相关认证材料寄送ECOCERT总部进行认证评审。

（9）申请者交纳剩余30%的费用。

（10）认证委员会根据检查报告、申请材料及相关材料对项目进行认证评审并签发认证决定。

（11）中心将检查报告和认证决定发送申请者确认，申请者按照认证决定的要求进行改进并在规定时间内提供相关文件，如有疑问提出申诉要求。

（12）收到申请者的反馈意见后，中心将给符合标准的项目颁发有机（或转换期）生产证书、加工证书和贸易证书。

（13）每票产品出口前需要签发贸易证书，贸易证书的相关程序请与认证中心联系。

第五节　有机种植业实例

一、有机花生种植技术

花生起源于南美洲，主要分布在南纬 40°至北纬 40°，花生是重要的油料作物，营养丰富，用途广泛，花生油油味清香，富含不饱和脂肪酸，且酸值较低，是一种优质食用油；花生仁一般含脂肪 44% ~54%，还含有 24% ~36% 的蛋白质，20% 左右的碳水化合物以及多种维生素，营养价值高，味香可口；花生的蛋白质消化系数达 90%，极易被人体吸收利用，有效利用率达 98.9%，除蛋氨酸较低外，其余的氨基酸均能满足人体的需要，可以认为：花生蛋白质是一种完全蛋白质，可与动物蛋白质媲美。花生种皮（衣）可提取天然色素，也可制成宁血软糖、宁血可乐等保健食品；花生的植株有根瘤菌产生，据测定，3 750kg/hm^2的花生田块，能固定 195 ~225kg/hm^2 氮素，其中，1/3 残留在土壤中，花生的茎叶含有较高的营养成分是较好的配合优质原料。

（一）生物学特性

花生是具有无限开花结实性的作物，花生全生育期的长短，因品种和生长环境条件及栽培技术的不同而异，南方花生产区直立型的珍珠豆型品种一般为 120 ~130 天，蔓生型品种 160 ~170 天，全生育期可分为 4 个阶段，并有明显重叠现象。

1. 苗期

春花生苗期长 30 ~40 天，秋花生苗期长 20 ~30 天。

2. 开花下针期

从始花到 50% 植株出现鸡头状幼果（子房膨大呈鸡头状）为开花下针期。这是植株出现大量开花、下针、营养体迅速生长。全株叶面积增长迅速，达到一生中最快的时期。干物质大量积累的时期，营养体干重增长量大约占营养体最高干重的20%～30%，有时可达45%，

3. 结荚期

从幼果出现到50%植株出现饱果为结荚期。该期是花生营养生长和生殖生长并盛期，叶面积系数和干物质积累均达到一生中的最高峰，同时，也是营养体由盛转衰的转折期。大批果针入土，大量子房迅速膨大，发育成幼果、秕果，形成的果数可占最后总果数的70%，高的可达90%，果重增长量可达最后的30%～40%，有时可达50%以上，同时，营养生长达到最旺盛期，随后逐渐下降、衰退，此期从营养生殖生长并进阶段转为生殖生长为主阶段。

4. 饱果成熟期

从50%的植株出现饱果到大多数荚果饱满成熟，称为饱果成熟期。这一时期营养生长逐渐衰退、停止，叶片逐渐变黄衰老脱落，叶面积迅速减少，干物质积累速度变慢，根瘤停止固氮；茎叶中所积累的氮、磷等营养物质大量向荚果转移，生殖生长主要表现在荚果迅速膨大，饱果数量明显增加，是果重增加的主要时期。果针数、总果数基本上再不增加，饱果数和果重则大量增加，增加的果重，一般可占总果重的50%～70%，是花生荚果产量形成的主要时期。

（二）栽培技术

1. 整地

一般在冬季或早春翻耕，结合耕耙，施入堆肥或厩肥、草皮等基肥，起好畦垄。绿肥田则在播种前15天左右翻沤，并耙碎整平，花生一般采用畦作，并须依地势隔一定距离开好排水沟，以免雨季径流造成严重冲刷，低坡洼地易遭雨涝，宜采用垄作或畦作。

2. 播种与全苗

适期播种：春花生播期受温度影响较大，在适期播种的范围内，以早播为宜，一般以耕层土温在15℃以上，土壤最大持水量60%左右为宜。

3. 合理施肥

原则是以有机肥为主，有机肥与经有机认证的商品性有机复合肥相结合，多施有机肥料来增加土壤的有机质，培肥地力，改善不良结构，创造一个肥、爽、松、深的高产土壤环境。

4. 田间管理

苗期管理的中心任务是保全苗，促壮苗，早攻第一、第二对侧枝，促进花芽分化，使前期花多而高度集中，为花多花齐、果针多入土早打下一个良好基础。主要措施有：查苗补种、青稞蹲苗、中耕除草、早施苗肥和早防病虫草害等。

花针期的主要任务是造就矮壮苗的优良长势长相，保持群体的良好受光势态，协调营养生长与生殖生长的关系，促进光合产物向生殖体转运，防止植株旺长，力争花多花齐，提高成针率。采取的措施有：培土、摘心、合理排灌和适时施肥等。

结荚成熟期的中心任务是保护功能叶，延长叶片寿命，促进针果正常发育，防止果针、果柄及荚果霉烂和发芽，提高结实率和饱满度，达到果多、果饱，实现高产。主要有补肥防衰、适时控水、注意防旱防渍和防病保叶等措施。

（三）病虫害的防治

针对不同的病虫害，可以采取农业措施、生物措施等。

（四）收获、干燥与储藏

（1）适时收获。

（2）干燥。荚果从植株上脱下后，筛掉土，经过初步去杂后，及时放到晒场进行干燥，直到花生种子含水量降到8%以下，即可入库储藏。

（3）贮藏。

二、有机西瓜种植技术

西瓜属于葫芦科，西瓜属。一年生蔓性草本植物。西瓜原产南非，而栽培西瓜历史最悠久的国家是埃及、印度、希腊等。早在4 000年前，埃及人就种植西瓜，后来逐渐北移。13～14世纪以后，西瓜从南欧传到北欧，16世纪传到英国，17世纪以后陆续传到美国、俄国和日本，并在世界上广泛传播开来。3～4世纪时，由西域传入我国，所以称之为“西瓜”。自从西瓜被传入世界各国以后，西瓜生产便逐渐发展起来，面积逐步扩大，产量和品质不断提高，西瓜作为水果在人们的生活中也有了相当重要的地位。

（一）生物学特性

1. 主要植物学性状

（1）根。主根系、具多次侧根，根系发达、生长旺盛、入土深广。最适生长温度28～30℃，最高38℃，最低10℃，根毛发生最低温度13～14℃。

（2）茎。分枝能力强，每个叶腋都可发生新的分枝。茎匍匐生长，前期慢、后期快，低温节间短，高温、高湿、弱光照节间细长。

（3）叶。叶片是制造营养物质的器官，决定着果实的产量和品质。

（4）花。单花，有两性花和单性花，西瓜的两性花比例小约10%，早熟品种第5～8节开第一朵雌花，后隔3～5节开一雌花。

（5）果。授粉后1～4天是为幼瓜形成期，授粉后12～22天体积日增长量最大，后期，主要是肉色转红和糖分转化。西瓜主蔓第一雌花果小，扁形，第三雌花果最大、圆整，但随坐果结瓜节位的提高糖度和品质会有所下降，最佳节位为主蔓第二雌花或子蔓第一朵雌花。夏秋西瓜结果节位应相应拖后一朵雌花，确保瓜不会太小。

2. 主要生长发育习性

（1）发芽期。约10天，主要靠种子自身养分，最适温度为28～33℃。

（2）幼苗期。约25天，根系生长较快，叶、侧枝、卷须、花芽开始分化。最适温度为日温25～30℃、夜温17～20℃，日照12小时。

（3）伸蔓期。前期叶片生长慢，后期藤、蔓、叶片生长迅速，根生长趋缓。最适温度，白天25～30℃、夜间16～18℃，长期13℃以下或40℃以上，植株生长发育不良。

（4）结果期。初期瓜蔓生长旺盛，挂果后果实迅速膨大，营养生长减缓。西瓜品种不同，结果期的时间长短不一，结果期的长短是划分早熟、中熟和晚熟品种的依据。

（二）栽培技术

西瓜喜高温干燥气候。生长适宜温度25～30℃，6～10℃时易受寒害。月平均气温在19℃以上的月份全年多于3个月的地区才可行露地栽培。适宜干热气候，耐旱力强，要求排水良好、土层深厚的沙质壤土。土壤pH值5～7为宜。中国的西瓜栽培方式多种多样。属于露地的有西北的旱塘栽培和砂田栽培，华北的平畦栽培，长江以南的高畦栽培等；属于保护地的有北京的风障栽培，保定的苇毛栽培以及地膜覆盖栽培、塑料大棚栽培、温室栽培等。不论露地或保护地栽培，均于春季先行保护地育苗，然后定植。种植密度一般栽7 500～9 000株/hm^2。华北行整枝，一株一蔓一瓜；华南不整枝，一株多蔓多瓜。自播种至收获80～120天，从雌花开放到果实成熟30～50天。

(三)大鹏早春栽培和露地栽培

1. 大棚早春栽培

(1)棚型结构。早春西瓜栽培可选用竹木或钢架结构拱圆大棚或薄膜日光温室，棚宽最好在6~12m，单栋或连栋，棚内栽培垄上盖地膜，上扣活动式小拱棚或盖草。

(2)品种选择。大棚早熟栽培应选用早熟或中早熟、中果型品种，应具有良好的低温生长性和低温结果性，耐阴湿，适宜嫁接、密植栽培，并具有优质丰产抗病等特点。目前生产上常用的品种为京欣1号、郑杂5号、丰收2号等普通品种及小兰、黑美人、红玉等微型西瓜品种。

(3)嫁接育苗。西瓜连作易得枯萎病，故必须实行5~7年的轮作，由于大棚移动困难，采用嫁接换根的办法来防止枯萎病。

(4)整地施肥。在普遍耕翻的基础上，按行距1.6~1.8m开丰产沟，沟宽40cm、深40cm，或行距3~3.2m，沟宽60cm，支架栽培时可按行距1m开瓜沟，沟内在垄中间开沟，施豆饼1 500~2 250kg/hm^2、磷细菌肥料1 500kg/hm^2、生物钾肥750kg/hm^2，与土混匀后浇水，然后做成高垄，并覆盖地膜，大棚西瓜栽培多采用南北畦向。

(5)定植。

①定植时间：塑料大拱棚内定植期为3月上旬或3月中、下旬。

②栽植密度：早熟品种单行栽培时，双蔓整枝，株距40~45cm，行距1.6~1.8m，如采用大小行栽培，株距50cm，大行距3m，小行距50~60cm，中晚熟品种多采用三蔓整枝。

③定植方法：选晴天上午进行，先按株距开穴，苗钵内浇少量水便于扣坨，放坨后浇穴水，水渗下后封穴，定植后头几天于中午揭开小拱棚，后逐渐转为8:00揭，16:00左右盖，阴雨天早

揭早盖。

（6）定植后的管理。

①温度管理：定植后5~7天，注意提温，地温保持18℃以上，缓苗后开始通风。白天气温不高于30℃，夜间不低于15℃。

②肥水管理：大棚西瓜在施足基肥基础上应追肥4次，第一次于伸蔓前，每hm^2施生物有机肥300kg，第二次在幼瓜坐住后，施经过有机认证的有机生物复合肥450kg/hm^2，第三次是果实定个后，施腐熟豆饼750kg/hm^2，生物钾肥150kg/hm^2，第四次是采收二茬瓜时，在二次瓜坐住后追施，一般施腐熟豆饼750kg/hm^2。大棚内浇水与追肥结合进行，定植后不浇水，伸蔓前结合追肥浇一次，开花坐果期不浇，瓜坐住时结合追肥浇水1次，膨瓜期每3~4天浇1次水，定个后5~7天浇1次水，采收前1周停止浇水。

③整枝盘蔓压蔓：瓜蔓长至50cm左右，选一主蔓和一强壮侧蔓保留，其余侧蔓去掉，应在瓜上部留叶10片摘心，支架栽培的瓜蔓50cm时引蔓上架。

④人工授粉：一般选主蔓第二、第三雌花，侧蔓第一、第二雌花授粉。晴天于7:00~10:00授粉最好，阴雨天延后到10:00~12:00。

⑤留瓜、定瓜、翻瓜：留瓜在15~18节间选瓜型正常，肥大发亮的瓜胎1个，其余摘除，瓜定个后每3~4天在中午翻瓜1次，支架栽培的，当瓜碗口大时，应及时用盘吊瓜，并随其生长不断调整瓜的位置。

（7）采收：依挂牌日期而定，早熟品种28~32天，中熟品种35天可达九成熟，大硼西瓜风味好，含糖中边梯度小，果形美观，有较高的商品价值。

2. 春季露地栽培

（1）土壤选择及茬口安排。栽培西瓜最适宜的土壤是沙壤土，但西瓜对土壤适应性广，生荒地开垦后在增施基肥的基础上便可获得高产，西瓜对轮作换茬要求严格，切忌连作，以防发生枯萎病造成绝产，一般旱地轮作周期为7~8年，水田轮作周期3~4年，水旱田轮作6~8年。

（2）适时播种育苗。露地西瓜依各地习惯，可直播，也可育苗，育苗可采用塑料育苗钵（8cm×8cm~10cm×10cm），纸钵，塑料筒，营养土块等，也可用育苗穴盘育苗。

（3）整地做畦盖地膜。整地一般先普翻一遍，然后再挖瓜沟，一般冬前挖好，以利于风化土壤，杀死地下害虫，行宽1.8m，沟宽40~60cm，深40cm左右；施基肥土杂肥75t/hm²，饼肥1.5t/hm²，含三元生物有机复合肥0.9t/hm²，基肥一半撒施，一半沟施，饼肥做畦前施入瓜沟表层土壤中。

（4）定植。定植时间以10cm地温稳定在14℃以上，终霜过后为宜，定植方法同大棚西瓜，栽植密度一般9 000~12 000株/hm²，可根据品种特性与整枝方式灵活掌握。

（5）田间管理。

①肥水管理：露地西瓜水分蒸发快，浇水比大棚西瓜多，但应注意前期浇水不可过多，以防降低地温，影响生长，瓜坐住时，加大浇水量，促进果实生长，至瓜采收前5~7天，停止浇水，以增加果实的含糖量，露地西瓜的施肥技术可参照大棚西瓜有关内容。

②整枝：多采用双蔓和三蔓整枝，双蔓整枝保留主蔓和侧蔓，栽12 000~15 000株/hm²；应注意轻整枝，以免过度整枝，影响根系生长，整枝应在主蔓长50cm，叶腋发出侧蔓15cm时整枝为宜，之后每3~5天整枝1次，坐瓜前进行2~3次，坐果后减少整枝，果实膨大初期浇水后杈子发生严重，应及时去掉，果实进入膨大盛期后可不进行整枝。

③压蔓：有土压和树枝固定等分法；日本和我国台湾采用田

间铺草的办法，卷须可缠于草上起固定作用，也有减少田间踏实和减少病虫害的作用，值得借鉴。

④人工授粉：露地授粉一般7:00～9:00为好，10:00以后气温高，雄花枝头分泌出黏液，授粉效果差，阴雨天授粉可延至10:00～11:00。

⑤留瓜：以在主蔓15～20节，子蔓10～15节留瓜为宜，每株中果型品种双蔓整枝留1个瓜为宜，小型品种留2～3个瓜。

⑥护瓜：当瓜拳头大小时松蔓顺瓜，用麦秸和草圈垫瓜，果实定个后每3～5天翻瓜1次，后期注意用侧蔓和麦草盖瓜，防日晒和雨后炸裂。

（四）病虫害防治

主要采取农业措施、生物措施等。

第六章 旅游农业

第一节 旅游农业的内涵、特征及意义

一、旅游农业的内涵

旅游农业在我国发展历史比较短，有关旅游农业的概念比较多。在百度百科中，认为旅游农业就是把农业与旅游业结合在一起，利用农业景观和农村空间吸引游客前来参观的一种新型农业经营形态，即以农、林、牧、副、渔等广泛的农业资源为基础开发旅游产品，并为游客提供特色服务的旅游业的统称，也称为农业旅游、观光农业、乡村旅游、休闲农业等。早在1989年刘达华认为，旅游农业是在充分利用现有农业资源的基础上，通过规划、设计、施工，把农业建设、科学管理、商品生产、艺术加工及其价值增加和游客动手实践融于一体，供游客领略在其他名胜风景地欣赏不到的大自然及意趣浓厚和现代化的新兴农业艺术。随着我国生态农业的发展，类型的多样化，模式的多元化，认为旅游农业和生态农业本身就是融合为一体，应该叫生态旅游农业，运用生态学原理和系统科学、环境美学的方法，将现代科技成果与传统农业技术精华相结合，在充分利用现有农业资源的基础上，通过规划、设计、施工，把农田建设、农艺管理、产品生产、原理加工和游客参与融为一体，以此达到改善生态环境，增加就业机会，向游客提供高质量旅游经历的目的的一种新型农业体系（刘营军等，1998；应瑞瑶等，2002）。旅游农业实质上是

以现代农业为依托，并在不影响农业的自然生态再生产的基础上，挖掘其特有的旅游要素发展起来的农业与旅游业有机结合的一种现代农村的新兴交叉行业。这种开发是将农业和旅游融为一体，一般配置在风景区和旅游观光热线上，与其他类型的旅游景点相结合。例如，在著名的旅游景点周围发展观赏植物、人工草地以及风景林，改善旅游环境；在旅游线上开放有特色的果园、茶园、花园、菜园、牧场、渔场等，让游客进园观光、游览，增长知识，开阔视野。游客还可以自采购买农产品。总之，旅游农业是一种以农业和农村为载体的新型生态旅游业。近年来，伴随全球农业的产业化发展，人们发现，现代农业不仅具有生产性功能，还具有改善生态环境质量，为人们提供观光、休闲、度假的生活性功能。随着收入的增加，闲暇时间的增多，生活节奏的加快以及竞争的日益激烈，人们渴望多样化的旅游，尤其希望能在典型的农村环境中放松自己。

二、旅游农业的特征

旅游农业要坚持以农业为基础，利用农业、农村资源，兴办休闲旅游事业，然后逐步过渡到旅、农、工、贸综合发展，从而在农村这片广阔的地域上寻找并创造出城市旅游点无法与之媲美的旅游农业景观特色。根据系统设计的指导思想，为了在旅游农业系统中建立不同门类的子系统，从而建设各具特色、内容多样、轻松愉快的不同旅游农业模式。

一般来说，旅游农业具有以下特征：

（一）农业性

旅游农业是在农业生产的基础上开发其旅游功能的，旅游农业的引人入胜主要是优美的田园风光。在开发旅游功能的过程中，可能局部地改变原来的农业生产结构，但农业生产仍是旅游农业的主要方面，所以，要防止旅游农业的过度开发，避免破坏基本农田保护区等。特别强调农业不是悬在空中的产业，它完全是各种生物体依赖土地生长起来的产业。而农业的本质属性和目标是：在土地上生产满足人需要的粮食和其他农产品。

在这个特点上表现最显著的主要有以植物花朵吸引人们去参观旅游，如卫辉市唐庄桃花源、江西婺源、云南平罗等地千公顷油菜花。每年的春季吸引许多游客前去花海徜徉。

此外，旅游农业的农业特点还反映在土地的利用方式上。如广西桂林龙胜梯田、云南元阳梯田等。

（二）生态性

旅游农业的发展的目标之一是调整人和自然，经济发展与生态环境之间的矛盾。旅游农业的兴旺也要得益于宁静优美的生态环境、天然的自然景观以及纯朴的乡村生活方式、民族文化等。因此，在开发建设旅游农业过程中，尽可能不破坏原来的自然生态环境，减少人工作用，促进农业生态系统良性循环。

（三）娱乐性

旅游农业除了具有优美的生态环境外，还应具有一定程度的娱乐性，否则也不能吸引大量的游客。娱乐性主要体现在观光、农业体验、民俗活动和自然探险等富有农村农业和自然风光特色的游乐活动中，而人工游乐设施建设一定要适可而止，否则，就会出现本末倒置，大煞风景。

（四）知识性和趣味性

针对我国目前农业生产机械化水平的提高，“80后”“90后”的年轻人对我国传统农具认识越来越淡薄；同时，随着农业机械化水平的提高，农作物种植模式日益简化；通过旅游农业可以保存我国传统农具，通过传统农具展示厅，让游客看到风车、水车、碌碡、铁犁等农具；对高科技园区的参观，让他们认识到农业上的无土栽培、太空育种、组织培养等现代农业高科技；主要的旅游资源大都是世界各地的名优品种，主要是创造新、奇、特效果的观赏类农作物。游客一年四季无论什么时候来，欣赏到的都是花的海洋、菜的世界、瓜果的天地，流连忘返。游客在“农科奇观”不但可以看得入迷，玩得开心，游客在不知不觉中接受一些科技知识的普及教育，达到娱乐和普及知识的目的。

三、我国发展旅游农业的优势

20 世纪 90 年代，中国农业观光旅游在大中城市迅速兴起。旅游农业作为新兴的行业，既能促进传统农业向现代农业转型，解决农业发展的部分问题，也能提供大量的就业机会，为农村剩余劳动力解决就业问题，还能够带动农村教育、卫生、交通的发展，改变农村面貌，是为解决中国“三农问题”提供新的思路。因此，可以预见，旅游农业这一新型产业必将获得很大的发展。

（一）发展旅游农业的经济条件已经成熟

我国已经成世界上第二大经济体，国家经济实力得到极大的改变。人民不但解决了温饱问题，社会上大量资金需要有一个比较合理的投资的渠道；而旅游农业投入少、收益高，可以就地取材，建设费用相对较小，而且由于项目的分期投资和开发，使得启动资金较少。同时，旅游农业项目建设周期较短，能迅速产生经济效益，包括农业收入和旅游收入，而两者的结合使得其效益优于传统农业。农产品在狩猎、垂钓等旅游活动中直接销售给游客，其价格高于市场价格，并且减少了运输和销售费用。

大量的青壮年劳动力流向城市，而“80 后”和“90 后”青年人观念更新，不愿意在农忙季节返乡耕种和收获，加上城乡统筹一体化建设，新型农村社区建设一日千里，为土地流转创造了良机，满足了旅游农业发展需要适度的集中连片的土地，而旅游农业的发展也可以就地解决农民就业的需要。

（二）发展旅游农业具有得天独厚的自然优势

（1）中国地域辽阔，气候类型多样，从南到北，依次分布着热带、亚热带、暖温带和寒温带、寒带气候区；地貌类型复杂多样，有高山、丘陵、平原、盆地；河流湖泊星罗棋布；在这片辽阔的土地上，分布着近千座参差不齐的城市；生物多样性丰富，我国是世界十大生物多样性最丰富的国家之一。

（2）农业生产条件的多样性、农作物种类和品种的复杂性，农作制的多元化，形成了景观各异的农业生态空间，具备发展旅游农业的天然优势。南方的双季稻—油菜一年三熟，形成了江南的千公顷油菜花，中原地区以小麦为主体的农作制，在小麦收获的季节，呈现出一片金黄的海洋。因地域的差异，造成我国作物各地分布的差异性，为满足人类的好奇心，在一定程度上促进了旅游农业的发展。

（3）我国各地迥异传统村落、住房、饮食文化、民族服饰等文化特色，为旅游农业的发展奠定了文化因素。中国农业生产历史悠久，民族众多，各个地区的农业生产方式和习俗有着明显的差异，文化资源极为丰富，为旅游农业增强了吸引力和特色。如福建永定土楼、云南十大怪、内蒙古草原风光、新疆的沙漠景观、东北林海雪原景观；从东部沿海的休闲度假村到西域的草原风情。这些具有鲜明特征的资源与景观，不仅为消费者提供了丰富的食品，而且，更为开发各类农业科技示范园区及观光旅游农业提供了条件。

（4）我国遍布各地的风景名胜和人文旅游资源，为丰富旅游内容，风景游、人文游和农家乐三者相辅相成，共同打造我国的大旅游。

（三）难得的历史机遇

从中国共产党十六届五中全会确定“十一五”时期建设社会主义新农村的重大历史任务，提出了“生产发展、生活宽裕、乡风文明、村容整洁、管理民主”的发展要求，到“十八大”报告提出大力推进生态文明建设，建设美丽乡村、建设美丽中国；十八届三中全会提出：紧紧围绕建设美丽中国深化生态文明体制改革，加快建立生态文明制度，健全国土空间开发、资源节约利用、生态环境保护的体制机制，推动形成人与自然和谐发展现代化建设新格局。旅游农业的属性特点顺应了这一发展要求，并且对社会主义新农村的建设有巨大的推动作用。同时，随着社会主义新农村建设的深入开展，我国农村将发生重大改观，这为旅游农业的大发展提供了一个新契机。

（四）市场潜力巨大，依托都市，持续发展

生活在大众城市的居民，为了追求紧张工作之后的休息和放松，或是为了让孩子体验农事劳作、学习农业知识，利用周末和假期到城郊的农业观光园领略田园风光，呼吸新鲜空气，感受、体验乡村的朴实生活；大中城市的学校把农业观光园作为农业科普教育基地，定期组织中小学生进行参观和农事体验。由此可见，具有科普教育功能的现代化农业科技园和农家特有的农事参与等项目，符合现代人寻求放松、返璞归真、猎取新奇的心理和消费需求，并且有利于农业知识的传播，这是区别于传统旅游的现代休闲农业观光游的特色，具有极大的市场发展潜力。

（五）发达的交通等综合优势，提供了充足的客源

我国日益发达的高速铁路，目前，我国高速铁路世界第一，通车里程超过了 1.3 万 km，高铁缩短了城市之间的距离，如相距 1 000km的两个城市，坐高铁 4 个小时就能够达到，一天可以赶个来回；我国高速公路四通八达，2013 年通车里程达到了 10 万 km，像在河南全省各个县城，出县城 20 分钟就能够上高速公路；此外，还有近 400 万 km 公路，三者共同构成了我国的大交通，为人们的出行带来了极大的便利。

近几年我国私家车数量剧增，2013 年年底统计我国私家车保有量超过了 8 500万辆，比 10 年前增长了 13 倍，方便了人们的出行。

我国以人为本，实行带薪休假制，五一、清明、端午、中秋小长假，十一黄金周，春节等假期，为人们旅游提供了时间保证，工作压力的增加，人们利用周末两天，可以到近郊出游，旅游农业的发展给人们增加了压力释放的空间。

高铁、高速和小长假、黄金周以及私家车保有量的增加，形成合力，城里人下乡，乡里人进城，造就了我国的大旅游，为旅游农业的发展提供了充足的客源。

四、我国发展旅游农业的意义

（一）发展旅游农业是建设社会主义新农村的有效途径

它能够推动农村经济发展、增加农民收入、延长农业产业链、改善农村环境，促进生态文明村镇建设，实现城乡一体化，促使农民就地就业。

人民网上海2013年12月26日电：从今天召开的2013年上海市农业旅游经济协会年会上获悉，截至2013年年底，上海市已建成各类农业旅游景点245个，其中，年接待规模万人以上的景点96个，年接待游客2 019.34万人次；涉农旅游总收入13.63亿元，其中，农副产品销售收入6.2亿元；解决农民就业32 655人。上海市农业旅游初步实现了“农民增收的通道，新农村建设的载体，丰富市民生活的场所”的目标。

（二）发展旅游农业是农业产业优化与创新的重要体现

它既不同于单一的农业生产、又有别于一般的旅游观光，而是两者的有机结合，是农业生产和农村生活的生态化、特色化和人文化之旅。人们可在农业生产最具观赏价值的时节开展旅游活动，到了一定的农时照常收获农副产品，它同时丰富了农业产品和旅游产品。

（三）发展旅游农业是增加农民收入新举措

农民通过发展旅游农业，不仅能获得原来农业生产的效益，还能获得额外的旅游服务收益，如门票、食宿、交通、纪念品、民间工艺品、瓜果采摘出售和加工品尝、景区维护管理等收入。

（四）发展旅游农业能够增强农业抵御风险的能力

旅游农业既追求农业生产的结果，又追求农业生产的过程的特点，使得农业生产即使在收获季节遭受自然灾害，也可以以此项收入做些补偿，降低农业损失。

（五）发展旅游农业有利于构建和谐农村和提高人民群众的生活质量

旅游农业发展起来后可使农民安心务农、促使部分农民工返乡务农，便于人口管理和社会治安，减轻城市人口压力，随着我国土地流转，能使更多的土地流向种田能手承包更多的土地；也可以通过土地入股，通过农民合作社，让农民获得更多的收入，有报道，2013 年黑龙江克山县农业合作社给 2 436 户社员分红 3 800万元；能增强广大农民建设生态农业的意识；能使城市居民生活更加丰富多彩，并能满足其了解农村生活和农业生产知识的需要。

五、发展旅游农业需要注意的问题

旅游农业是旅游市场中的一个新方向。它以农业资源为基础，以生态旅游为主题，利用田园景观、农业生产经营活动和农村特有的人文景观，吸引游客前来观赏、休闲、习作、购物、度假，满足旅游者食、住、行、购、娱、游的需求，并参与新型农业技术实践的一种旅游形式。

开发旅游农业的成功与否，一定要从实际出发，因地制宜，绝对不能照搬照抄外地经验，但是他山之石可以攻玉，借鉴一些比较成功的旅游农业发展模式。如浙江省金门石门农场的自摘自炒茶园，福建省漳州的花卉、水果大观园，厦门市华夏神农大观园，云南省西双版纳热带雨林、傣族的民舍，安徽省休宁县凤凰山森林公园，四川省成都市郊的小农舍度假村等。

其关键在于构建生产活动与观光活动相辅相成的协调格局。为此，应注意以下几个问题。

（1）旅游农业项目的地址应选在资源基础条件好、具有产业特色、能够形成独特景观、紧靠旅游线路的地区。把发挥交通区位优势转化为经济优势，解决农业增效，农民增收的问题。

（2）农业与旅游的项目选择要统筹，使生产功能与观光功能可在同一载体得到表达，达到生产性与观赏性两相契合，实现效益互补。特别是在新型农村社区建设时，创建农民创业园时，可以优先选择旅游农业，不但让农民就地就业，还可以通过发展旅游农业等第三产业，不仅增加农民收入，还使得新型社区和周边农业景观浑然一体，注重生态消费和生态保护的协调（王继权，2001）。

（3）做到农事活动的安排和观光旅游活动的计划协调有序。一方面，发展特色种植业、养殖业；另一方面，还要注重挖掘民俗和农耕文化，要保持观光休闲农业长期繁荣兴盛，就应该在丰富观光休闲农业的文化内涵上下工夫。深入挖掘农村民俗文化和农耕文化资源，提升观光休闲农业的文化品位，实现自然生态和人文生态的有机结合。如传统农居、家具，传统作坊、器具，民间演艺、游戏，民间楹联、匾牌，民间歌赋、传说，名人胜地、古迹，农家土菜、饮品，农耕谚语、农具等。

（4）旅游农业的开发应以市场为导向。农业旅游是一种特殊的产品，它是以自然资源、农业技术以及农村的风土人情等及配套设施为原材料，以“行、游、住、食、购、娱”诸要素及各个环节的服务为零部件，针对旅游市场需求，按照一定路线，设计、加工、制作、组合而成的。因此，制定规划时，不是所有的农业资源都搞开发、旅游，而应以市场为导向，才能减少或避免投资开发的盲目性，从而使资源优势充分转化为经济优势，推动农业迈上新台阶（刘营军等，1998）。

（5）突出地方特色，走特色之路。特色是旅游农业产品的核心竞争力，主题是观光休闲农业产品的核心吸引力。要认真摸清可开发的资源情况，分析周边观光休闲农业项目特点，巧用不同的农业生产与农村文化资源营造特色。农村资源具有地域性、季节性、景观性、生态性、知识性、文化性、传统性等特点，营造特色时都可加以利用。同时，还要根据项目特色，进行主题策划。成都市锦江区三圣乡的“五朵金花”都以市民休闲、农业观光、棋牌娱乐为主线，各村因地制宜，错位发展，一村一品，包括西南民居和现代花卉科技为特色的花乡农居，中国梅文化为内涵的幸福梅林，中国荷文化为内涵的荷塘月色，中国菊文化为内涵的东篱菊园，中国农耕文化为内涵、农事体验为特色的江家菜地。在此基础上，根据5个项目的共性和各自特色，创造性地策划出鲜明的主题形象——“五朵金花”。

大都市郊区可发展“饭店农业”，为接待外宾的酒家生产高档蔬菜、畜禽、水产等鲜活产品，以减少这些宾馆进口鲜活商品用汇。有地方特产的可设立各种专门节日，吸引游客前来观光和品尝农产品。深圳市举办的荔枝节，就吸引了不少外国、华侨、港澳台旅行团前来旅游观光，品尝鲜荔。广东省南海市里水镇盛产“禾花雀”，每当捕雀季节，港澳、广州组成的“食雀团”络绎不绝，每只“禾花雀”售价高达8元以上，仍供不应求。北京市大兴县举办的西瓜节，开办当天就吸引了近百个单位前往选购或组织游客观光。兴建农业公园，如立体式庭院“集成农业”、特产观光果园或水产养殖场、生态农场等。兴建农业公园要遵循生态经济学原理，建设良好的生态结构。在园内要应用最新的管理技术，生产丰富多样的鲜活农副产品，而且各种设施讲究造型艺术以及配置一些奇花异果和珍禽异兽，使自然景色真实、视野开阔、空气新鲜、布局艺术、装饰奇特、四季协调、诱人观赏。

设立自然保护区。以丰富独特的生物资源来丰富旅游点，并配备各种旅游设施，使游客能观赏到自然生物群落，提高对大自然的认识，又可陶冶情趣。

总之，旅游农业要在特色上下工夫，打造自己的品牌，走出一条属于自己的发展道路，旅游农业才有生命力，才能持续发展。

第二节　旅游农业的兴起及其发展趋势

一、我国旅游农业发展的背景

（一）政策的驱动作用

党的“十六大”报告指出，统筹城乡经济社会发展，建设现代农村，发展农村经济，增加农民收入，是全面建设小康社会的主要任务。“十七大”也提出，加快推进以改善民生为重点的社会建设，深化收入分配制度改革，增加城乡居民收入，统筹城乡发展，推进社会主义新农村建设。十七届三中全会，吹响了新一轮农村改革发展的号角，优化农业产业结构，提升农业产业化水平为重点内容。“十八大”报告提出生态文明建设，建设美丽乡村。十八届三中全会提出了到2020年全面建成小康社会。中央出台促进土地流转、农民专业合作组织建设等文件，旅游农业作为农业产业化一个全新领域，获得了政策上的发展空间。

（二）需求的拉动作用

伴随着全球农业产业化的发展，农业区域化布局，专业化生产，使得农业不仅具有原有的生产功能，而且开始具有改善生态环境质量以及为人们提供休闲、观光、度假、传承中国传统农耕文化、普及科学知识等功能。因收入水平的增长，闲暇时间的增多、生活节奏的加快日益激烈的竞争、交通条件的极大改善，广大城乡居民渴望多样化的旅游，尤其希望在具有中国特色的农村环境中放松自己。于是，农业与旅游业相互交叉新型产业——旅游农业应运而生。

（三）现实的推动作用

20 世纪 70 年代中后期，中国台湾省和日本等率先提出休闲农业经营模式。中国广大的乡村地区聚集了全国大约 70% 的旅游资源，乡土民俗、民族风情、田园风光、大规模农业生产等都是很好的旅游文化资源。我国于 20 世纪 90 年代开始，旅游农业在我国大城市迅速兴起。1998 年国家旅游局以“华夏城乡游”为主题旅游年，使“吃农家饭、住农家屋、干农家活、看农家景”成为时尚，城里人下乡与大自然亲近的农业旅游，已成为旅游业中一个新成员。自此，旅游农业从上海、北京等大都市的郊区到江浙省、广东省，再到四川省以及中部等地的农村，遍地开花。

（四）中国生态农业发展的带动作用

我国生态农业自 1981 年提出后，得到各级政府的重视以及学术家的关注，此后，生态农业在我国蓬勃发展。开展了生态农户、生态村、生态乡、生态县等不同层次的建设，因地制宜发展起来具有地方特色的多种多样的生态农业模式。这些生态农业在一定上成为旅游农业的雏形，促进了我国旅游农业的兴起与发展。

二、旅游农业的兴起与发展

（一）国外旅游农业的兴起与发展

随着世界工业化与城市化程度的不断提高，人类赖以生存的地球发生了重大的变化，旅游活动与环境的矛盾日益突出，从而导致人们思想观念的转变，接近自然、返璞归真又成为人们追求的生活方式。因此，生态旅游农业首先在一些经济发达国家和地区应运而生。旅游农业在欧洲以“乡村旅游”的形式出现可以追溯到 19 世纪中期。20 世纪 30 年代，欧洲的旅游农业有了较大发展，并逐步扩展到美洲、亚洲等部分国家。20 世纪 70 年代以后，全球紧张的政治气氛开始缓和，和平与发展成为世界的主题，各主要国家都开始把注意力转向国家的经济建设，取得了显著的效果，旅游农业也随之得到了迅速发展。旅游农业从萌芽发展到成熟阶段，国外已先后出现了农业观光园区、度假农场、家庭农园、农业公园、乡村民俗博物馆、生态农业示他区等多种农业观光困类型。在实际的开发过程中型的集合形成了多样化的开发形式。

虽然旅游农业概念侧重有所不同，内容、范围稍有出入，但内涵基本一致，以下统称为农业观光。研究国外的农业观光运作模式和农业观光园形态，可以为我国的农业观光园发展提供借鉴与启发。但各国的农业观光园都是依据本国实际情况进行建设的，因而发展出了丰富的类型，我们应该对这些经验进行有选择的吸纳，探索适合我国国情的农业观光园发展道路。

其发展历程可以分为萌芽阶段、观光阶段、度假阶段和租赁阶段。

1. 萌芽阶段

这一阶段既没合明确的旅游农业概念，也没有专门的观光农业区，只是作为旅游业的一个观光项目，主要是城市居民到农村去与农民同吃、同住、同劳作，接待地没有特殊的服务设施、建筑以及辅助娱乐设施。游客在农民家中食宿，或在农民的土地上搭起帐篷野营。这一阶段也没有专门的管理行为，农民只收取客人少量的食宿费。

2. 观光阶段

旅游农业的真正发展是在 20 世纪中后期。观光不再是对田园景色的观看，而是出现了专门具有观光职能的农业观光园区，观光内容日益丰富，如粮食作物、经济作物、花、草、林、木、果、家畜、家禽等皆可人园。园区内的活动以观光为主，并结合购、食、游、住等多种方式经营。这个时期旅游农业项目主要以观光农牧场和农业公园为主。

3. 度假阶段

20 世纪 80 年代以来，随着人们旅游需求的转变，观光农园也相应地改变了其单纯观光的性质，观光农园中建有大量可供娱乐、度假的设施，扩展了度假体验等功能，强化了游客的参与性，增强了旅游农业的娱乐性。

4. 租赁阶段

租赁则是一种刚刚出现的新型经营方式，主要产生于土地私有化程度高的发达资本主义国家。租赁目的在日本、法国、瑞士以及我国台湾等地不断出现。租赁即是农场主将一个大农园划分为若干个小块，分块出租给个人、家庭或团体，平日由农场主负责雇入照顾农园，假日则交给承租者享用。这种经营方式，既满足了旅游者亲身体验农趣的需求，也增加了经营者的盈利。在欧洲其中有 40% ~60% 的农民从事非农业性的兼职工作。同时，在这些国家中，随着社会平均收入的提高与休闲时间的增多，观光事业渐渐地向乡野发展。农业观光已成为欧洲休闲生活趋势之一。意大利的“农业家”鼓吹以农村地区作为周末度假区。爱尔兰的国家观光组织亦正在农庄上建造各种适合国民及国际旅社需要的住宿设施。法国策六朗发展计划更把观光事业和别墅业列为地方建设的优先事务。1982 年，由欧洲 15 个国家共同在芬兰举行会议，以农业观光为主题，探讨并交换各国旅游农业的问题，希望借着观光事业与农业的融合来造福更多的农业从业者和观光者，并促进农村的发展。

（二）我国旅游农业的兴起与发展

1. 旅游农业的兴起

20 世纪 70 年代初，我国观光农业的发展首先在台湾地区出现。当时中国台湾地区观光农业的特点是观光与产品选购结合，进行农产品的展销活动；观光与农业科技普及相结合，开展各种知识性宣传；观光与娱乐相结合，利用节假日在园内举办各种文艺表演，吸引游客。到20世纪末，中国台湾地区的观光农业园已处于普及阶段，管理已经规范化、制度化、健全化。

20世纪80年代末，随着我国内地的农业、旅游业的发展以及农村生活条件的日益改善，观光农业园也逐渐发展起来。我国内地最早的观光农业园出现在深圳，当时为了招商引资在举办荔枝节的基础上，成功地创办了荔枝采摘园，取得良好的经济效益。

20世纪90年代，我国政府开始在政策上大力扶持农业观光旅游的发展，观光农业园在许多大中城市迅速兴起。其中，比较典型的例子是广西壮族自治区柳州城市南部的两个国营园艺场——大桥园艺场和洛维园艺场。尽管这两个相邻的园艺场山水风景如画，花果四季飘香，但过去单纯生产传统农产品，几乎年年亏损。几年前，柳州市的领导人在考察了国外农业旅游后，决定把这两个园艺场的经营方面转向农业旅游，让来这里的游客能欣赏山水风景之余，品尝亲手采摘的瓜果和自己捕获的鱼虾，体验清新宁静的农村生活，学到丰富的农业科学知识，享受农业旅游之乐。经过几年建设，这两个园艺场已经成为大受柳州市民及外地游客欢迎的旅游观光景点，在经济上也已经扭亏为盈。以点带面，促进当地旅游农业的发展。

2. 旅游农业的发展

我国旅游农业发展只是近十几年的事情，此新颖的旅游项目仍在不断探索发展中。自2002年国家旅游局发布《全国旅游农业示范点检查标准》以来，各级旅游部门积极组织创建工作，2004年国家旅游局在各省市上报名单基础上，经过严格检查验收，筛选命名了203个“全国旅游农业示范点”，进一步提高了旅游农业产品的规范化、专业化和市场化水平。海南、武汉、南京、云南等省市纷纷筹划巨资打造旅游农业。

我国旅游市场正经历着结构性升级。传统的观光旅游逐渐丧失其市场垄断地位，代表现代旅游价值取向的乡村旅游成为旅游市场新的热点之一。以农家乐为品牌，发展乡村旅游。建立“农家乐”协会或服务中心，引导农民发展“农家乐”特色旅游项目。“农家乐”是农业休闲旅游的雏形，利用农村本身的自然资源，因地制宜发展旅游项目是中国传统农业与旅游业相结合而产生的一种新兴的旅游项目。村户型农家乐是农庄型农家乐的“升级版”。这种新型农家乐由村集体统一规划开发，依托当地独特的旅游资源，以农民家庭经营为主体，从旅游农业观光型升级为旅游度假型。“农家乐”具有投入少、收益高，体现了各地迥异文化特色的特点。四川省是中国农家乐的发源地，农家乐已逐步向规范化、规模化、特色化、品牌化方向发展，成为一项新兴旅游产业。

我国旅游农业大体经历了萌芽阶段、兴起阶段和发展阶段。

（1）萌芽阶段。20 世纪 80 年代后期，深圳首先开办了“荔枝节”以招商引资，随后开办了“采摘节”，取得了良好收益。于是各地纷纷效仿，开办了各具特色的旅游农业项目。

（2）兴起阶段。20 世纪 90 年代以来，旅游农业在我国大陆迅速兴起。1998 年国家旅游局以“华夏城乡游”作为主题旅游年，推动了旅游农业的发展。

（3）发展阶段。21 世纪以来，大陆各地的旅游农业蓬勃发展。目前，旅游农业基地主要分布在北京、上海和广州等大城市近郊，其中，以珠江三角洲地区最为发达。

从总体来看，与海外旅游农业的成熟阶段相比，我国大陆的旅游农业起步较晚，目前，仍以观赏为主，刚刚处于发展阶段，旅游农业在全国各地方兴未艾，有待于进一步提高，走向成熟（张莹等，2005）。

（三）我国旅游农业的发展趋势

国务院总理李克强在 2014 年 7 月 2 日主持召开国务院常务

会议指出，旅游业是现代服务业的重要组成部分，要着力推动旅游业转型升级，使旅游开发向集约节约和环境友好转型，旅游产品向观光、休闲、度假并重转变，旅游服务向优质高效提升。一要以改革开放增强旅游业发展动力。二要优化旅游发展软硬环境。三要提升旅游产品品质和内涵。为我国旅游农业的健康持续发展，指明了方向。

虽然我国旅游农业也发展了30年左右，但是和游客休闲、观光的需求还有很大的差距。因此，为满足旅游市场的需求，未来旅游农业发展趋势如下：

1. 多样化

旅游农业产品及类型丰富多彩，能满足不同消费群体的旅游需求。

2. 优质化

海外各地旅游农业的市场竞争多以质取胜，专业化要求较高，力求生产拳头产品。不但有看的，能养眼，还要在服务质量的提高上下工夫。上海市质量技术监督局于2004年4月26日发布了《农家乐旅游服务质量等级划分》地方标准，这是全国第一个专为“农家乐”旅游而制定的标准。该标准属推荐性地方标准，将“农家乐”旅游服务质量由高到低分为三星级、二星级、一星级3个等级，并从基本条件、住宿、餐饮、活动项目和组织管理等5个方面提出了具体要求。让旅客有在家的感觉，吃得开心，住得满意。

3. 高新技术化

海外有着人力、资金、信息的优势，现代农业技术及计算机技术在旅游农业中得以广泛应用。我国遍布大江南北的现代科技农业园区也科技含量日益增加，无土栽培、组织培养、克隆等生物技术成果展示区比比皆是。

4. 环境美化

海外旅游农业的发展中对环境的要求较高，农业的景观性不断提高，注重旅游农业资源的可持续利用。日本旅游农业的成功发展主要有赖于以下3方面：一是创造优美农村景观。优美的农村景观本身就是一种旅游吸引物，是旅游农业的关键，会给外来游客留下深刻印象。二是深刻挖掘农村文化内涵。随着游客知识层次和审美能力的提高，旅游资源的文化性越来越受到关注。日本在发展旅游农业的过程中，不断深刻挖掘传统农村文化的内涵，并努力创造新的农村文化，以此增强农村旅游的活力。三是注意保护生态环境。在日本，人们认为各种生物共存是创造农村生态环境的一个重点，只有有着完善生态环境的农村才具有开展旅游农业的魅力。同时，还可以利用这些生物资源开展各种体验型旅游活动。在这方面，日本旅游农业发展经验更值得我们借鉴。随着我国新型工业化、城镇化、农业现代化的建设，特别是在新型社区建设过程中不但有漂亮的楼房、还要有优美的居住环境，旅游农业园区点缀在大地上，两者相互映衬，让农民享受生活。

第三节　旅游农业的类型与模式

一、旅游农业的分类

（一）结构分类

1. 观光种植业

观光种植业是指具有观光功能的现代化种植，它利用现代农业技术，开发具有较高观赏价值的作物品种园地，或利用现代化农业栽培手段，向游客展示农业最新成果。如引进优质蔬菜、绿色食品、高产瓜果、观赏花卉作物，组建多姿多趣的农业观光园、自摘水果园、农俗园、果蔬品尝中心等。

2. 观光林业

观光林业是指具有观光功能的人工林场、天然林地、林果园、绿色造型公园等。开发利用人工森林与自然森林所具有多种旅游功能和观光价值，为游客观光、野营、探险、避暑、科考、森林浴等提供空间场所。如四川省的蜀南林海等。

3. 观光牧业

观光牧业是指具有观光性的牧场、养殖场、狩猎场、森林动物园等，为游人提供观光和参与牧业生活的风趣和乐趣。如奶牛观光、草原放牧、马场比赛、猎场狩猎等各项活动。

4. 观光渔业

观光渔业是指利用滩涂、湖面、水库、池塘等水体，开展具有观光、参与功能的旅游项目，如参观捕鱼、驾驶渔船、水中垂钓、品尝海鲜、参与捕捞活动等，还可以让游人学习养殖技术。

5. 观光副业

观光副业包括与农业相关的具有地方特色的工艺品及其加工制作过程，都可作为观光副业项目进行开发。如利用竹子、麦秸、玉米叶、芦苇等编造多种美术工艺品，可以让游人观看艺人的精湛造艺或组织游人自己参加编织活动。如濮阳麦秸画等。

6. 观光生态农业

建立农林牧渔土地综合利用的生态模式，强化生产过程的生态性、趣味性、艺术性，生产丰富多彩的绿色保洁食品，为游人提供观赏和研究良好生产环境的场所，形成林果粮间作、农林牧结合、桑基鱼塘等农业生态景观，如广东省珠江三角洲形成的桑、鱼、蔗互相结合的生态农业景观典范。

(二) 功能分类

1. 传统型旅游农业

这类旅游农业主要以不为都市人所熟悉的农业生产过程为卖点。例如，法国农村的葡萄园和酿酒作坊，游客不仅可以参观和参与酿造葡萄酒的全过程，而且还可以在作坊里品尝，并可以将自己酿好的酒带走，向亲朋好友炫耀，其乐趣当然与在商场购买酒不一样。在日本兴起了务农旅游，东京一家旅行社，每年以春天的插秧、秋天的收割为契机，组织都市人去农村体验农民的生活，在沿海地区还组织游客参加捕捞虹鳟鱼和海带的采集及加工等活动，使都市人直接享受大自然的恩赐。

2. 都市型科技旅游农业

都市型科技旅游农业主要是在城内小区和郊区建立小型的农、林、牧生产基地，既可以为城市提供部分时鲜农产品，又可以取得一部分观光收入。例如，新加坡，在这座花园城市里兴建了10个农业科技公园，公园里不仅合理地安排了作物种植供给市民，而且还精心布局一些名优花卉，观赏鱼，珍稀动物的观赏，名贵蔬菜和水果的生产，同时，也相应建有娱乐场所，养鱼池由纵横交错的水道组成，并配有循环处理系统。菜园由新颖别致的栽培池组成，由计算机控制养分，游人漫步其中，不仅可以心旷神怡，还可以大饱口福，真是如同生活在仙境之中。

3. 度假型旅游农业

度假型旅游农业主要是利用不同的农业资源，如森林、牧场、果园等，吸引游客前去度假，享受回归大自然的无限乐趣。美国、日本、德国、英国向社会开放森林，组织游客森林浴、徒步行，并在露营基地里宿营，每年总收益高达千亿美元。澳大利亚人则常于周末或假日，自己驾车，带上小孩，选一个离家不远的牧场小住几天，大人可以放松一下身心，而孩子们则可了解都市里无法见识的牧场生活。美国的庄园主在苹果、梨子、葡萄、西瓜之类的瓜果快熟的时候，就在报刊上登广告，招揽游客去农场摘水果度假，城里的人热烈响应，纷纷根据广告上的示意地图开车前往，水果随便吃，累了可以在树下草地休息，呼吸新鲜空气，聆听鸟儿的歌唱，直到太阳西斜。人们还可以在农舍小住一夜，品尝农庄主人准备的别有格调的晚餐，享受到一个别致的假期。

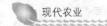

二、旅游农业的类型

综述目前国外农业旅游的发展情况，根据农业旅游的性质、定位、经营等方面的特点，农业旅游发展模式主要可分为三大类型。

（一）传统观光型农业旅游

主要以不为都市人所熟悉的农业生产过程为卖点，在城市近郊或风景区附近开辟特色果园、菜园、茶园、花圃等，让游客入内摘果、拔菜、赏花、采茶，享尽田园乐趣。如法国农村的葡萄园和酿酒作坊，游客不仅可以参观和参与酿造葡萄酒的全过程，而且还可以在作坊里品尝，并可以将自己酿好的酒带走，向亲朋好友炫耀，其乐趣当然与在商场购买酒不一样。而日本兴起了务农旅游，东京一家旅行社，每年以春天的插秧、秋天的收割为契机，组织都市人去农村体验农民的生活，在沿海地区还组织游客参加捕捞虹鳟鱼和海带的采集及加工等活动，使都市人直接享受大自然的恩赐。

（二）都市科技型农业旅游

以高科技为重要特征，在城内和郊区建立小型的农、林、牧生产基地，既可以为城市提供部分时鲜农产品，又可以取得观光收入，兼顾了农业生产与科普教育功能。如新加坡兴建了10个农业科技公园，在公园里不仅合理地安排了作物种植，而且还精心布局一些名优花卉，观赏鱼，珍稀动物的观赏，名贵蔬菜和水果的生产，同时，也相应建有娱乐场所，养鱼池由纵横交错的水道组成，并配有循环处理系统。菜园由新颖别致的栽培池组成，由计算机控制养分，游人漫步其中不仅可以心旷神怡，还可以大饱口福，真是如同生活在仙境之中。

（三）休闲度假型农业旅游

主要是利用不同的农业资源，如森林、牧场、果园等，吸引游客前去度假，开展农业体验、自然生态领略、垂钓、野味品尝，住宿、度假、游乐等各种观光、休闲度假旅游活动。如澳大利亚人则常于周末或假日，自己驾车，带上小孩，选一个离家不远的牧场小住几天，大人可以放松一下身心，而孩子们则可了解都市里无法见识的牧场生活。而美国的庄园主在苹果、梨子、葡萄、西瓜之类的瓜果快熟的时候，就在报刊上登广告，招揽游客去农场摘水果度假，城里的人热烈响应，纷纷根据广告上的示意地图开车前往，水果随便吃，累了可以在树下草地休息，呼吸新鲜空气，聆听鸟儿的歌唱，直到太阳西斜，人们还可以在农舍小住一夜，品尝农庄主人准备的别有格调的晚餐，享受到一个别致的假期。

（四）民俗风情型

民俗风情型农业旅游是民俗文化在农业旅游发展中的应用，其吸引物是乡村所在地的民俗文化、风土人情，相对而言，更多地取决于该乡村社区长期积淀下来的风俗，人为方式，因此多以民间技艺、民俗节气为主题的民俗文化游、乡土文化游的形式展开。在我国新农村建设的过程中，一定要注意不能什么村都拆，要保护具有中国传统文化的村落，走建设和保护相结合之路，留下乡愁，留下思念。

三、旅游农业的模式

目前，我国现有的旅游农业项目包括：观光农园、休闲农场、教育农园、农业公园、民俗观光村、森林公园等。

（一）观光农园

观光农园是指开发成熟的果园、菜园、花圃、茶园等，让游客入内摘果、摘菜、赏花、采茶，享受田园乐趣。1970 年，中国台北市在木栅区指南里组织了53户茶农，推出“木栅观光茶园”，开了“观光农园”的先河。1983年，中国台湾实行“发展旅游农业示范计划”，开展观光农园的辅导。此后便陆续出现了各种观光农园，面积超过1 000hm^2，范围包括22种作物。目前，已经开发的观光农园达70hm^2，经营的水果、蔬菜以及花卉达20多种。对生产者来说，观光农园虽然增加了设施的投资，却节省了采摘和运销的费用，使得农产品价格仍然具有竞争力。对于消费者来说，这种自采自买的方式，不仅买得放心，而且还达到了休闲的效果。所以，观光农园已经成为目前旅游农业最普遍的一种形式。

（二）休闲农场

休闲农场是一种综合性的休闲农业区。农场内提供的休闲活动内容一般包括田园景色观赏、农业体验、自然生态解说、垂钓、野味品尝等，除了观光旅游、采集果蔬、体验农耕、了解农民生活、享受乡土情趣外，还可以住宿、度假、游乐。

（三）教育农园

这是兼顾农业生产与科普教育功能的农业经营形态。主要接待学生团体。农场需具有动植物的生产与养殖能力。经营者需与学校教师或团体活动负责人讨论拟定教学活动计划。教学活动以农业活动为主题，让学生了解农事生产各个环节，尤其是植物的发芽、成长、繁殖，动物的诞生、成长等。

（四）农业公园

即按照公园的经营思路，把农业生产场所、农产品消费场所和休闲旅游场所结合为一体。

农业公园的经营范围是多种多样的，除果品、水稻、花卉、茶叶等专业性的农业公园之外，大多数农业公园是综合性的。园内设有服务区、景观区、草原区、森林区、水果区、花卉区及活动区等。既有迷你型的水稻公园，又有几十公顷的果树公园，但一般在 1hm^2 左右。农业公园的经营方式，既有政府经营免费开放的，也有收取门票的公园。

每年的中国绿色村庄年会将公布中国农业公园入选名单。

（五）民俗观光村

到民俗村体验农村生活，感受农村气息。

（六）森林公园

森林公园以大面积人工林或天然林为主体而建设的公园。森林公园除保护森林景色自然特征外，并根据造园要求适当加以整顿布置。公园内的森林，普通只采用抚育采伐和林分改造等措施，不进行主伐。

（七）市民农园

由农民提供耕地，农民帮助种植管理，由城市市民出资认购并参与耕作，其收获的产品为市民所有，期间体验享受农业劳动过程乐趣的一种生产经营形式和乡村旅游形式。

由此产生了周末农夫，指居住在城市的白领来到农村租用农民的耕地，在田地里面种植自己喜欢的蔬菜，这些蔬菜平时主要由农夫照顾，社区居民可以根据自己的时间安排去自己的田里浇水、施肥、收获成果。目前，国内做得比较好的市民农园有密云的周末农场等。

四、旅游农业案例分析

（一）“平谷桃产业链条开发”旅游农业模式

平谷区位于北京市东部山区，是桃的优势种植区域。20 世纪 70 年代形成区域种植，80 年代开始步入规模发展，90 年代以后形成产业化发展格局。目前，平谷区桃种植面积稳定在 1.5 万 hm^2，年产量 2.8 亿 kg。2000 年被国家林业局授予“中国名特优经济林——桃之乡”；2001 年被农业部授予“中国桃乡”；2002 年被上海大世界吉尼斯总部授予世界“种植桃面积最大的区（县）”；在2005年“北京首届奥运安全优质果品评选推荐会”上，平谷区包揽22项大桃所有奖项；2006年8月5日平谷鲜桃被国家质量技术监督检验检疫总局正式授权地理标准保护产品专用标志。平谷区依托桃种植、桃加工、桃文化，从桃子开花到结果，从果实食用到桃树废弃物利用，贯穿了桃产业发展的整个链条，开发形成了“两节两品三养生”的系列产品，成为消费者心中不可替代的独特的“平谷鲜桃”区域农业品牌。

1.“两节”——春季北京平谷国际桃花节和秋季采摘节

春季桃花节：“人间四月芳菲尽，山寺桃花始盛开”。地处山区的平谷，每到四月，桃花漫山红遍。为了打好“桃花牌”，从1999年开始，平谷区设立桃花节，经过10年的经营，县域小节事成长为中国十大地方节庆之一。在具体节事上，桃花节集文娱、体育、会展等多元化内容于一体，文化、旅游、体育等多个产业关联。例如，2009年的第11届桃花节活动共分为文化、旅游、体育三大系列，共推出七大类、10余项文化活动，21天的桃花节期间，全区共接待游客190.8万人次，实现旅游收入5 045万元。

秋季采摘节：平谷大桃品种多，熟期不同，加之运用设施栽培，大桃熟期从3～11月，采摘期长达9个月。平谷区每年举办的“平谷金秋大桃采摘节”均在桃集中上市的7～8月。采摘节期间，举办“桃王”擂台赛，“吃桃冠军大赛”，农副产品展销会，为寿星“献寿桃”，发放采摘礼券活动等，丰富多彩的活动吸引了众多游客到平谷采摘大桃，带动当地大桃产业经济。2009年平谷久保、蟠桃、油桃和白桃4个品种评选出的“大桃王”，共拍出9.3万元，其中，重达0.7kg的丰白桃王更是拍出了3.8万元的高价。

2.“两品”——文化桃和桃木艺术品

文化桃：桃在中国文化中是“寿”的象征。尤其是为老人做寿，一般都会送寿桃，或者送寿桃蛋糕。平谷区在打造唯一性特色优势农产品（桃）的基础上，着手开发文化桃。自2004年开始至今，平谷区大华山镇泉水峪胜泉康汇农产品专业合作社通过刻模、贴字等技术手段，已经成功开发出“生日”“贺寿”“喜庆”“寿星”“十二生肖”等晒字桃、异型桃系列产品，鲜桃图案丰富，寓意深刻，着色期只有短短的10多天，却成了平谷桃农无限开掘文化含量的黄金期，产品深受广大消费者青睐，取得了较好的经济和社会效益，2008年被北京市政府命名为十大农产品创新之一。

桃工艺品开发：在中国历史文化中，赋予桃木“避邪气、镇宅院、保平安”之含义。桃木被誉为“阳刚之木”“五木之精”，能驱鬼辟邪纳祥。几千年来，中国百姓为避灾祸，几乎家家户户都有悬挂或使用桃木制品的习俗。

平谷区大华山镇引进了“北京绿源桃木雕刻工艺品有限公司”，以桃木为原料，进行桃木文化创意产品设计、桃木工艺品的开发，纯手工雕刻，产品有生活用品、文化用品、旅游纪念品、镇宅保平安等。

3. “三养生”——桃花宴、桃食品、桃保健

根据现存最早的药学专著《神农本草经》记述，桃花具有“令人好颜色”之功效。桃花味甘、辛，性微温，含有山萘酚、胡萝卜素、维生素等成分，有活血悦肤、峻下利尿、化淤止痛等功效。

桃花宴：平谷区创造性地开发了以鲜桃花为主要原料的桃花宴，推出100余道桃花菜品。

桃食品：鲜桃味道鲜美，但也有一个十分突出的缺点——不易保鲜，俗称“隔夜愁”。当前，桃保鲜技术仍是一项世界性难题。为此，市科委与平谷区政府共同支持创建的“北京健康产业中试与孵化中心”运用科技手段对大桃进行精深加工与综合利

用，开发出系列产品，目前，已试制成功了大桃红桃方片、桃香酥脆等休闲食品。

桃保健：出自唐朝诗人崔护诗句的成语“人面桃花”常被用来形容人的气色好，青春美丽。自古以来桃花常被用来美容。桃有较高的药用价值，桃树一身可入药。“宁吃鲜桃一个，不吃烂桃一筐”的俗语反映了桃所具有的独特风味。鲜桃肉质致密，甘甜多汁，含维生素、铁较丰富，作为食疗果品，桃对胃阴不足、口干口渴或体虚阴液不足之便秘症有较好的滋养和润下作用。根据桃的美容和保健功效，目前，已开发出桃花油软胶囊、桃花茶、大桃调味浆、蛋白桃珍等保健品。

(二) 农业公园

作为新兴的农业旅游形态，农业公园兼具农业的内涵和园林的特征，它是按照公园的经营思路，在农业生产中融入城市公园元素，将农业生产场所、农产品消费场所和休闲旅游场所结合为一体，从而使农业具有旅游观光、科技示范、休闲购物、怡情益智等多种功能。通州的南瓜主题公园，昌平区的香味葡萄园，北京特菜大观园，怀柔区的城市农业公园等，都是这种模式的代表。

以怀柔区为例说明这种“公园式农业”主题创意发展模式。

2006 年年底，怀柔区提出了农业公园化的发展理念，力争把怀柔建成服务首都的大花园，市民休闲度假的胜地。2007 年启动了凤山百果园等 4 个农业产业公园建设，目前，已经建成和正在建设的有 9 个农业产业园和 6 个生态沟谷公园。经过几年的建设，怀柔已形成城市农业公园集群，创造了创意农业发展的新模式。

1. 开发农业的生态与服务创意，确立农业公园新理念

与城市公园相比，农业公园自然生态景观突出，“农”味十足，游客不仅可以欣赏田园风光、纵情青山绿水，还可以了解农

业知识，体验农家生活，感受乡土文化，品尝乡村美食。与传统的采摘园和农家乐相比，它具有公园式的布局、优美的景观围栏、新颖的门区标志、错落有致的节点景观以及生态餐厅、休闲茶座等独具公园化特色的配套设施。农业公园的创意使农业的田园景观园林化，农业的生产场所休闲化，农业产品个性化。

2. 打破行政界限，实行分区域规划

根据区域山水自然资源、民风民俗资源优势，怀柔区制定了农业公园的整体发展规划。其中，平原和山前暖区重点发展综合性设施农业公园；北部山区发挥山水资源优势，重点发展以观光采摘、休闲养生、资源种养业为主的专业型旅游农业园区。具体的农业公园建设则紧密结合该区域内农业资源的特点，打破现有的村、镇界线，采取连村、连沟、连片等模式进行分区域规划。如“8”字形的凤山百果园由 20 多个特色农业采摘园组成，涉及桥梓镇 19 个村、20km^2。“白河湾”全长 19km，涉及琉璃庙镇 5 个村和汤河口镇 2 个村。

3. 依托特色资源，打造主题农业公园

在农业公园建设中，怀柔区坚持因地宜的原则，注重发挥现有的产业基础和资源优势，提出了“分资源建设”的思路。不仅发挥了不同区域的比较优势，还避免了观光休闲内容的雷同。“栗花沟”所在的渤海镇有 500 多年板栗栽培历史，至今仍有明清板栗古树 17 万株。红肖梨是怀北镇的传统特色产业，至今已有 400 多年的栽培历史，在原有红肖梨品种的基础上，又引进 54 种国内外优质红梨。凤山百果园是一处集观光体验、民俗旅游、休闲度假、餐饮娱乐、科普教育、名优果品展示为一体的都市型现代农业园区。

4. 分档次建设，满足梯度需求

针对人们收入水平的差异，建设不同标准和服务内容的农业公园或休闲娱乐设施。既有集体验、休闲、娱乐等多功能于一体的农业公园，也有功能单一的采摘园；既有高档的生态餐厅，也有便宜实惠的农家饭；既有高档的有机果品，也有普通的新鲜蔬菜；既有现代化的休闲茶座，也有免费的休息凉亭。游客根据自己的消费能力自愿选择。既满足了人们不同层次的消费需求，又能最大限度地吸引游客。

5. 特色各异，分客流接待

为避免游客扎堆所造成的交通拥堵、停车就餐困难等现象，怀柔区除采取分档次建设外，注重从特色打造上分流游客，搞好创意，围绕“特”“新”“奇”做文章。四季花卉园百花争艳、香韵满园，自然是踏青赏花的好去处；“白桦谷”原始次生林、白桦林景观独特，满族风情浓郁；“栗花沟”漫山遍野栗花飘香，清澈溪水潺潺而流；“银河谷”依托西洋参主导产业，注重打造养生文化。

第七章　循环农业

第一节　循环农业的概念与特征

循环农业的思想源自对石油农业环境后果的反思以及循环经济思想发展的启发。循环农业是相对于传统农业发展提出的一种新的发展模式，是运用可持续发展思想和循环经济理论与生态工程学方法，结合生态学、生态经济学、生态技术学原理及其基本规律，在保护农业生态环境和充分利用高新技术的基础上，调整和优化农业生态系统内部结构及产业结构，提高农业生态系统物质和能量的多级循环利用，严格控制外部有害物质的投入和农业废弃物的产生，最大限度地减轻环境污染。

一、循环农业的概念

“循环农业”一词于2002年首先由陈德敏提出，他只是对循环经济做了一些介绍，并没有给出一个明确的定义。真正正式提出循环（型）农业概念的应归功于郭铁民和周震峰（2004）。前者过于强调了生态环境的保护，而忽视了经济发展的重要性，与过去的生态农业并没有本质区别；而后者考虑到要以经济建设为中心，保护生态环境是为了保障经济能持续稳定发展，因此，运用生态学、生态经济学、生态技术学原理及其基本规律作为指导的农业经济形态，但表述上还可以更加完善一些。循环农业是指在农业生态系统中推进各种农业资源往复多层与高效流动的活动，以此实现节能减排与增收的目的，促进现代农业和农村的可持续发展。通俗地讲，循环农业就是运用物质循环再生原理和物质多层次利用技术，实现较少废弃物的生产和提高资源利用效率的农业生产方式。循环农业作为一种环境友好型农作方式，具有较好的社会效益、经济效益和生态效益。只有不断输入技术、信息、资金，使之成为充满活力的系统工程，才能更好地推进农村资源循环利用和现代农业持续发展。

循环农业倡导农业经济系统与生态环境系统相互协调、相互依存的发展战略，把农业经济增长建立在 GDP 增长、集约化、结构优化、人口规模、环境意识、环境文化等经济社会指标与生物多样性、土地承载力、环境质量、生态资源数量与质量等生态系统指标综合分析、合理规划的基础上，遵循减量化（reduce）、再使用（reuse）、再循环（recycle）0（3R）的行动原则，通过实施一定边界内的有效干预，促进农业经济系统更和谐地纳入到生态系统的物质循环过程中来，利用生物与生物、生物与环境、环境与环境之间的能量和物质的联系所建立起来的整体功能和有序结构，实现生态系统中的能量、物质、信息和资源的有效转换，从而建立整体经济社会的循环经济模式，实现经济、社会与生态效益的有机统一（陈红兵等，2007）。

二、循环农业的特征

循环农业是指通过农业技术创新和组织方式变革，调整和优化农业生态系统内部结构及产业结构，延长产业链条，提高农业系统物质能量的多级循环利用，最大限度地利用农业生物质能资源，利用生产中每一个物质环节，倡导清洁生产和节约消费，严格控制外部有害物质的投入和农业废弃物的产生，最大限度地减轻环境污染和生态破坏，同时，实现农业生产各个环节的价值增值和生活环境优美，使农业生产和生活真正纳入到农业生态系统循环中，实现生态的良性循环与农村建设的和谐发展。循环农业最主要特征是产业链延伸和资源节约。其包括以下 4 个方面。

（1）遵循循环经济理念的新生产方式，农业经济活动按照“投入品→产出品→废弃物→再生产→新产出品”的反馈式流程组织运行。在循环农业中尽量做到外界物质能量的减少，进入循环农业的系统外物质能量在经过一个生产环节后，进入到另一个生产环节，实现循环再利用，能够外界投入物质和能量的使用次数和延长其作用路径，经过多次利用和转化后，向外界排放的废弃物和能量实现最小化（李吉进，2010）。

（2）一种资源节约与高效利用型的农业经济增长方式，提高水资源、土地资源、生物资源的利用效率，开发有机废弃物再生利用的新途径，探索微生物促进资源循环利用新方法。农业目标的实现要从投入和产出两个方面入手。循环农业与原来的高投入高产出农业思路相反，着重从投入角度来考虑，通过提高资源利用效率、节约物质能量的投入同样能够实现农业生产的目标。基于此，循环农业把投入和资源利用作为实现农业生产目标的出发点，就必然包括资源尽可能地节约、使用资源的链条尽量延长。

（3）一种产业链延伸型的农业空间拓展路径，实行全过程的清洁生产，使上一环节的废弃物作为下一环节的投入品，在产品深加工和资源化处理的过程中延长产业链条，建立起比较完整、闭合的产业网络。

（4）一种建设环境友好型新农村的新理念，遏制农业污染和生态破坏，在全社会倡导资源节约的增长方式和健康文明的消费模式，使农业生产和生活真正纳入到农业生态系统循环中，实现生态的良性循环与农村建设的和谐发展。

三、循环农业的兴起与发展

近半个多世纪以来，我国农业的增长在很大程度上依赖于资源开发和化石资源投入的增加，大量使用化肥、农药、生长调节剂等化学物品，带来了环境污染问题、生物多样性减少或消失的问题、土壤板结造成的自然肥力退化问题、地下水资源污染问题、食品安全问题等。我国农业在世界上创造了用7%的土地养活22%的人口的奇迹，但农业也成为一个不容忽视的重要资源消耗源，在某种程度上也可以说是巨大资源的浪费源，同时，也是一个重要的污染源。节能减排、降低污染、保护生态环境、提高资源利用效率和经济增长质量，农业肩负着义不容辞的责任。

20世纪90年代末期，国内外积极开展循环经济建设，并把循环经济应用于社会建设中去，提出建设循环型社会，在各个行业中推行循环经济，农业也不例外。

2002年，陈德敏等人在总结了农业的发展趋势和国际农业的发展潮流的基础上，首次提出发展循环农业要在生态农业的基础上，走循环经济的道路。

目前，国外已将循环经济应用于农业，国内也广泛开展了一系列循环农业的研究和试点工作，特别是福建、浙江、山东、江西、安徽、江苏、黑龙江、陕西、河北等省市走在了前列，它们根据当地的实际情况，在已发展的生态农业的基础上进行生态整合、生态链联结、模式转换、试验家庭型循环经济等。实现农业资源的合理利用，延缓资源的枯竭，逐步实现农业可持续发展。

四、我国发展循环农业的意义

发展循环农业是实施实现农业可持续发展战略的重要途径。循环型农业是运用可持续发展思想和循环经济理论与生态工程学的方法，在保护农业生态环境和充分利用高新技术的基础上，调整和优化农业生态系统内部结构及产业结构，提高农业系统物质能量的多级循环利用，严格控制外部有害物质的投入和农业废弃物的产生，最大限度地减轻环境污染，可以实现“低开采，高利用、低排放、再利用”。最大限度地利用进入生产和消费系统的物质和能量，提高经济运行的质量和效益，达到经济发展与资源、环境保护相协调，使农业生产经济活动真正纳入到农业生态系统循环中，实现生态的良性循环与农业的可持续发展。对于河南来说，在建设中原经济区时，通过循环经济和循环农业途径，实现“三化协调、两不牺牲”的目标，即河南的经济社会发展要走“走一条不以牺牲农业和粮食、生态和环境为代价的‘三化’协调科学发展的路子”。

第二节 循环农业的理论与遵循的原则

一、循环农业的理论

（一）农业生态学的有关理论

1. 生态系统物质循环与能量流动原理

物质和能量是所有生命运动的基本动力，能流是物流的动力，物流是能流的载体，生物有机体和生态系统为了自己的生存和发展，不仅要不断地输入能量，而且还要不断地完成物质循环。进入生态系统的能量和物质并不是静止的，而是不断地被吸收、固定、转化和循环的，形成了一条“环境—生产者—消费者—分解者”的生态系统各个组分之间的能量流动链条，维系着整个生态系统的生命。自然系统依靠食物链、食物网实现物质循环和能量流动，维持生态系统稳定；农业生态系统则要借助人工投入品及辅助能维持正常的生产功能和系统运转。在生态系统中，能流是单向流动的，并且在转化过程中逐渐衰变，有效能的数量逐级减少，最终趋向于全部转化为低效热能，由植物所固定的日光能沿着食物链逐步被消耗并最终脱离生态系统；生态系统中某些贮存的能量，也能形成逆向的反馈能流，但能量只能被利用一次，所谓再利用是指未被利用过的部分。但物流不是单向流动，而是循环往复的过程，物质由简单无机态到复杂有机态再回到简单无机态的再生过程，同时，也是系统的能量由生物固定、转化和水散的过程，不是只能利用一次，而是重复利用，物质在流动的过程中只是改变形态而不会消灭，可以在系统内永恒地循环，不会成为废物。

任何生态系统的存在和发展，都是能流与物流同时作用的结果，两者有一方受阻都会危及生态系统的延续和存在。参与生态系统循环的许多物质，特别是一些生物生长所不可缺少的营养物质既是用以维持生命活动的物质基础，又是能量的载体。以太阳能为动力合成有机物质，沿食物链逐级转移，在每次转移过程中都有物质的丢失和能量的损耗，但所丢失的物质部分都将返回环境，最终分解成简单的无机物，然后被植物吸收、利用，而所损耗的能量则将不能被再利用。但相对于生态系统而言，由于日光能为主要能源，是无限的，而物质却是有限的，分布也是很不均匀的。因此，农业生态系统如果调控合理，物质可以在系统内更新，不断地再次纳入系统循环，能量效率也得到持续提高。

2. 生态位与生物互补原理

生态位就是指生物在完成其正常生活周期时所表现出来的对环境综合适应的特征，是一个生物在物种和生态系统中的功能与地位，生态位与生物对资源的利用及生物群落中的种间竞争现象密切关联。生态位的理论表明：在同一生境中，不存在两个生态位完全相同的物种，不同或相似物种必须进行某种空间、时间、营养或年龄等生态位的分异和分离，才可能减少直接竞争，使物种之间趋向于相互补充；由多个物种组成的群落比单一物种的群落能更有效地利用环境资源，维持较高的生产力，并且有较高的稳定性。在农业生产中，人类从分布、形态、行为、年龄、营养、时间、空间等多方面对农业生物的物种组成进行合理的组配，以获得高的生态位效能，充分提高资源利用率和农业生态系统生产力。随着生态学概念也不断深化，已从单纯的自然生态系统转移到社会—经济—自然复合生态系统，生态位概念也进一步拓展，不再局限于单纯的种植业系统或养殖业系统，甚至拓展到整个农业经济系统。

生态系统中的多种生物种群在其长期进化过程中，形成对自然环境条件特有的适应性，生物种与种之间有着相互依存和相互制约的关系，且这一关系是极其复杂的。一方面，可以利用各种生物及生态系统中的各种相生关系，组建合理高效的复合生态系统，在有限的空间、时间内容纳更多的物种，生产更多的产品，对资源充分利用及维持系统的稳定性，如我国普遍采用的如立体种植、混合养殖、轮作以及利用蜜蜂与虫媒授粉作物等；另一方面，可以利用各种生物种群的相克关系，有效控制病、虫、草害，目前，正兴起的生物防治病虫害及杂草以及生物杀虫剂、杀菌剂、生物除草剂等生物农药技术已展示出广阔的发展前景。

3. 系统工程与整体效应原理

按照系统论及系统工程原理，任何一个系统都是由若干有密切联系的亚系统构成的，通过对整个系统的结构进行优化设计，利用系统各组分之间的相互作用及反馈机制进行调控，可以使系统的整体功能大于各亚系统功能之和。农业生态系统是由生物及环境组成的复杂网络系统，由许许多多不同层次的子系统构成，系统的层次间也存在密切联系，这种联系是通过物质循环、能量转换、价值转移和信息传递来实现的，合理的结构将能提高系统整体功能和效率，提高整个农业生态系统的生产力及其稳定性。著名生态学家马世骏先生曾把生态学的基本原则高度浓缩概括为8个字："整体、协调、循环、再生"，其中，"整体、协调"点明了生态系统合理而协调的横向关系，而"循环、再生"则蕴含着生态系统永续运转的特性。

农业生态系统的整体效应原理，就是充分考虑到系统内外的相互作用关系、系统整体运行规律及整体效应，运用系统工程方法，全面规划，合理组织农业生产，通过对系统进行生态优化设计与调控，使总体功能得到最大限度发挥。实现生态系统物种之间的协调共存、生物与环境之间的协调适应、生态系统结构与功能的协调发展以及不同生态过程的协调，建立起一个良性循环机制，使系统生产力和资源环境持续保持增值与更新，满足人类社会的长远需求，达到生态与经济两个系统的良性循环。

（二）产业经济学的有关理论

1. 农业区位及地域分异原理

19 世纪初期，德国经济学家杜能根据资本主义农业和市场的关系，探索因地价不同而引起的农业分带现象，创立了农业区位理论，它是一种从空间或地区方面定量地研究自然和社会现象的理论。经济学家对这一理论又进行了发展，从自然区位向经济区位、市场区位、生态经济区位等拓展，并结合比较优势理论等，有效推进了农业区域化、规模化、专业化生产发展。农业生产受自然因素限制比较明显，农业发展必须因地制宜、扬长避短，充分发挥区位优势、经济优势、市场优势和科技优势，比较优势是区域分工的基本原则，也是进行农业结构调整的重要理论依据。由于地形地势、气候、土地、社会经济、人文等要素的相似与差异，区域存在着聚合与分离的现象，而农业生产是自然和人工环境与各类农业生物组成统一体，其地域分异特征显著。农业地域分异规律包括自然地理、人文地理、生物地理的差异，造成了农业生产及生态经济类型差异性；尽管随着社会经济持续发展，农业从传统性、自给性、粗放性向现代性、商品性、集约性方向发展的规律是相同的，但农业的地域性、多样性仍将长期存在。我国幅员辽阔，自然与社会经济条件格外复杂，发展循环农业必须使物种和品种因地制宜，彼此之间结构合理，相互协调。

依据地区环境，构建有特色的循环农业模式。要考虑地区全部资源的合理利用，对人力资源、土地资源、生物资源和其他自然资源等，按照自然生态规律和经济规律，进行全面规划，统筹兼顾，因地制宜，并不断优化其结构，充分提高太阳能和水的利用率，实现系统内的物质良性循环，使经济效益、生态效益和社会效益同步提高。

2. 农业可持续发展原理

可持续发展的本质涵义就是要当代人的发展不应危及后代人的发展能力和机会，实现资源最佳效率和公平配置，实现人与自然的和谐及协同进化。自 20 世纪 80 年代可持续农业兴起以来，世界各国在理论和实践上的探索不断深入，尽管理解和做法各有不同，但总的发展目标是相同的，即保障农业的资源环境持续、经济持续和社会持续等。资源环境持续性主要指合理利用资源并使其永续利用，同时，防止环境退化，尤其要保障农业非再生资源的可持续利用，包括化肥、农药、机械、水电等资源。经济持续性主要指经营农业生产的经济效益及其产品在市场上竞争能力保持良好和稳定，这直接影响到生产是否能维持和发展下去，尤其在以市场经济为主体的情况下，一种生产模式和某项技术措施能否推行和持久，主要看其经济效益如何，产品在国内外市场有无竞争能力，经济可行性是决定其持续性的关键因素。社会持续性指农业生产与国民经济总体发展协调，农产品能满足人民生活水平提高的需求，既要保证产品供应充足，保持农产品市场的繁荣和稳定，尤其是粮食和肉蛋产品的有效供给，又要保证产品优质、价格合理，能满足不同消费层次对优质农产品的需求，满足社会经济总体发展的需求。社会持续性直接影响着社会稳定和人民安居乐业的大局。

(三) 生态产业理论

1. 物质循环的纵向闭合

生态产业实现物质从源到汇的纵向闭合，达到资源的永续利用。生态产业的发展是将废弃的产品进行回收再利用，作为一种具有潜在利用价值的原料再利用，实现物质的封闭循环。

2. 生产功能与环境功能的统一

生态产业与传统产业的区别在于前者的经济价值来源于产品的表现和实际使用价值；后者的经济价值则来源于以物质形式存在的产品交换。当厂商生产的目的是为消费者提供某种功能，而不是某种固定产品时，就有利于建立灵活多样、面向功能的生产结构与体制，可以根据环境管制的要求变化调整产品、产业结构与工艺流程，实现产品的升级换代，达到生产功能与环境功能的统一。

二、循环农业遵循的原则

(一) 3R 原则

循环农业的思想源自循环经济发展的启发。而循环经济最主要的原则就是我们常说的“3R”原则，即减量化（Reduce）、再利用（Reuse）和再循环（Recycle），其中，减量化被解释为输入端方法，再利用侧重于市场过程，再循环属于输出端方法。这三者的优先顺序为减量化→再利用→再循环（资源化）。其意义在于首先减少经济源头污染物的产生量；其次是对于源头不能削减又能再利用的废弃物和经过消费者使用的包装物质、旧货等要加以回收利用，使它们再次参与到经济活动中；只有那些最终不能利用的废弃物，才允许做最终无害化处理（尹昌斌，周颖，2008）。

在此基础上，还要增加可控化。循环农业通过合理设计，优化布局接口，形成循环链，使上一级废弃物成为下一级生产环节的原料，周而复始，有序循环，实现“低开采、高利用、低排放、再循环”，最大限度地利用进入生产和消费系统的物质和能量，有效防控有害物质或不利因素进入循环链，提高经济运行的质量和效益，达到经济发展与资源节约、环境保护相协调，并符合可持续发展战略的目标。

（二）因地制宜原则

农业区域的形成是资源地域分异规律和劳动地域分异规律长期作用的结果。区域农产品生产强烈依赖于特定的区域资源。各地区丰富多样的自然资源劳动技能、生产水平、生产条件、消费习惯、农作制等是区域农业形成和持久发展的根本所在。一定的农产品集中度是发展现代产业的重要保障。循环农业的发展要依托现有的农业生产布局，产业格局和市场分布，因地制宜地发挥区域比较优势。提高集中度才能兼顾社会、经济和生态“三大效益的统一”。

（三）产业主导原则

农业生产的市场化日趋显著，农产品市场化率和商品率越来越高。农业生产必须坚持以市场导向，瞄准国内和国外两大市场。因此，循环农业在产业选择上要突出区域优势，产品质量和特色，满足多元化市场的需求，才能促进循环农业的发展。

（四）创新支撑

创新是民族的灵魂，没有创新就没有发展。而循环农业是农业发展的一种新思路，也是一种农业产业技术范式的变革，技术创新既是循环农业发展的根本动力，也是开发节约资源、保护环境的农业新技术。推广和普及废弃物综合利用技术、相关产业链接技术和可再生能源开发利用技术，培育生物质产业，发展节约型、环境友好型农业，减少农业面源污染，整理和修复被污染的环境技术等。

第三节　循环农业的实践模式

一、农户实践模式

农户实践模式是以单个农户为经营主体，通过产业思路创新和技术带动发展循环农业，以提高资源利用效率，减少污染物的排放和提升效益为目标，把种植业、养殖业、加工业以及生物质能链接成网络，形成产加销一体化经营体系。

我国最有代表性的例子就是北方四为一体的循环农业模式。

北方四位一体生态农业模式不光有着显著的经济、社会、生态、能源效益，在其他一些相关领域亦有着显著的效益。我国北方大部分区域因受自然条件和社会经济条件的制约，目前实现大规模集约化经营尚不可能，这就为庭院经济的充分发展创造了良好的空间。四位一体恰好满足了这一发展需求。四位一体生态农业模式其劳动强度适中，在北方冬季大多需要卷帘、监测温度、湿度、人工授粉等，劳动周期较长，家庭妇女、闲散劳动力都能干，充分利用了冬闲时的劳动力，有效遏制了剩余劳动力的盲目外流。在四位一体生态农业中由于将如厕、沼气池、畜（禽）圈（舍）统一规划，合理布局，人畜粪便及时进入沼气池，铲除了蚊蝇滋生之地，从而大大减轻了各种疾病的滋生与传播，使用沼气做燃料替代了煤和薪材，能有效地减少污染物的排放量，这些都极大地改善了农村庭院的生态环境，使用沼肥替代传统有机肥和化肥、农药对于发展无污染的绿色食品亦有重大意义（张培栋等，2001）。

在农户层次上，各地因地制宜创造出多姿多彩的循环农业模式，特别是以新农村建设、土地流转为契机，创造出适宜本地资源综合利用的循环农业模式，如在我国黄淮海粮食主产区，以作物秸秆特别是利用玉米秸秆发展养驴等草食家畜为纽带，走小麦、玉米等粮食作物种植—养驴—沼气“三位一体”的循环农业之路。

二、企业实践模式

企业实践模式是以企业为组织单元，采用企业自主经营、公司+基地、公司+基地+农户等产业化组织方式，以产业链延伸为特征，以科技支撑为依托，通过合同、契约、股份等形式与其他经营实体，特别是与农户连城互惠互利的产业纽带，采用清洁生产方式，拓展农业产业空间，形成规模化生产、加工增值和副产品综合利用为特征的循环农业模式。

以天津青水源“种—养—加—销”一体化的生态农业循环模式为例。

位于天津市北辰区双街镇的天津市青水源种养殖有限公司是天津市农业产业化龙头企业。公司以农业综合开发无公害蔬菜基地为起点，采用“种—养—加—销”一体化的循环农业模式，创建有机蔬菜基地、无公害粮食基地，基地提供饲料发展养殖业；农作物秸秆、养殖业粪污作沼气，经无害化处理后返回到种植园；利用沼气作能源，利用种养业提供的产品为原料，发展加工业，生产净菜、豆腐、特色肉食品等，副料豆腐渣等作饲料，又返回养殖业；经过深加工的食品提供给配送中心，进入销售渠道；其收入返回到种养园，为扩大再生产提供资金支持。

公司最大限度地利用农业资源，以尽可能少的投入得到更好更多的产品，对节约土地资源，减少能源浪费，改善生态环境，增加农民收入，发展沿海都市型现代农业具有积极意义，到目前已完成了两个国家农业综合开发项目。

公司围绕生态循环农业的建设目标，立足于当地资源优势，建成集有机蔬菜种植园、养殖园、农副产品加工厂、粪污无害化处理场、配送中心为一体的生态循环农业示范区，形成了种、养、加、销一体化的产业经济循环，无污染，符合循环经济的要求，项目起点高；项目以天津农学院产、学、研联合体为技术支撑，技术力量强；其主要产品通过了国家质量认证，市场前景好；主导产品通过批发营销、配送营销、联合营销、网络营销、认种认养营销，经营机制灵活，符合现代农业的发展要求。

公司具有自主创新能力，在天津市率先创建了规模最大的“青水源”有机蔬菜园区，并通过了国家质量认证；率先创建了认种认养营销运行机制，形成独具特色的营销模式，提高了市场占有份额；率先引进了30多个体现国内外高新科技成果的农作物新品种，整合了蔬菜种植技术、水产品健康养殖技术、储藏保鲜技术、沼气制作技术、食品加工技术等系列化高新技术，科技引领作用明显。

公司通过建立“种—养—加—销”一体化经营与废物资源化利用模式，促进农业生态系统内的资源循环利用；通过建立畜牧集约化、规模化、标准化经营，实现传统畜牧业向“资源—畜产品—再资源化”的现代畜牧生产过程转变，通过建立水生生物种群的动态平衡和食物链结构合理的发展模式，实现农业生产的区域循环；通过加大农业生产与加工过程中的废物综合利用力度，提高资源转化率，形成节约资源、保护环境的生产方式和消费方式，构建高产、优质、高效、生态、安全良性循环的农业经济体系。

目前，郊区农业产业化水平较低，产业间的关联度也不高。通过项目开发，以有机蔬菜种植为切入点，带动养殖业和加工业，提高配送能力，满足城市居民消费需求。养殖和加工业又反哺种植业，形成“种—养—加—销”的产业经济循环，实现集约化、产业化经营，可进一步优化都市型农村产业结构，有利于推进经济结构调整，加快技术进步和产业升级。

该项目以高新技术和现代物质条件武装现代农业，形成独具特色的都市型现代农业，产品安全质量标准和产品附加值大幅度提高，促进农民增加收入。项目建成后，能带动农户3 500多户，耕地613.3hm^2，平均增收15 000元/hm^2，年可增收920多万元。

项目产品主要是有机蔬菜、水产品、豆制品、肉产品及居民日常生活必需食品，市场前景广阔。全市蔬菜年种植面积在12.86万hm^2左右，全市蔬菜年总产量保持在540.12万t以上，人均年占有量达到了520多kg。

水产品：水产养殖业在保障食品安全、改善膳食结构、发展农村经济和提高农民收入等方面起到主要作用。目前，我国养殖产量已经占到世界养殖产量一半以上，人均占有量达到34.6kg，超过世界平均水平。天津市水产养殖面积4.3万hm^2，年总产量35.8万t，人均占有量35.8kg，是天津市农业的优势产业。

豆制品：随着生活水平的提高和饮食观念的变化，大豆制品越来越受到人们的青睐。国内，新兴豆制品的开发及传统豆制品的改良成为研究的主要方向；国外，日本和美国等国家对豆制品的消费也呈现大幅度增长的趋势。

肉产品：目前，全国农民平均每天只吃50g肉（年18kg），城镇居民人均每天还吃不到100g肉（年36kg）。中国肉类消费的近期目标是人均每天多吃100g肉。

目前，我国农业发展已进入一个新的阶段，农业发展由产量型向素质型转变，由解决短缺问题向保障食品营养与安全转变。但是，随着我国经济、人口的持续增长和城市化进程加快，来自工业、农业和生活的污水不断增多，农业生态环境已经受到不同程度污染；因此，建立循环经济示范区，实现废水的净化与回用，对推进我国水产健康养殖、实现渔业的可持续发展具有重要作用。

三、社区实践模式

社区实践模式是以社区（村）为单元，以项目带动，以建立一村一品特色农业为主导。对作物秸秆、人畜粪便等废弃物进行综合利用，对生活垃圾等统一收集处理与资源化利用，创造社区新经济增长点，壮大农村经济，通过实施乡村清洁工程，集成配套节水、节电、节能等实用技术、净化水源、净化田园和家园、清洁生产、生活舒适。

以北京市留民营生态村为例。

留民营生态农场位于北京市的东南郊大兴县境内，土地面积141.3hm^2，耕地110hm^2，该村位于永定河冲积平原地区，为第四纪覆盖物地区，南临凤河，北依凤港河，地势较低，地下水源丰富，常年地下水埋深1.5m左右，大旱之年5m，但恢复较快，地面取水比较方便。土壤有机质含量为1.7%左右，土壤（由北向南）为潮沙土、二合土、中盐二合土，保肥能力较强，气候属于暖温带半湿润季风气候，冬季属于西北大陆季风控制，夏季属于东南沿海季风影响其特点是夏季炎热多雨，冬季寒冷干燥，春季雨少风多，秋季天高气爽，四季分明。但冬夏长，春秋短，光能充足，年平均日照时数为2 771.32小时，平均气温为11℃。留民营生态农场是北京首批农业观光游示范点。位于大兴区长子营镇。留民营村于1986年10月被联合国环境规划署正式承认为“中国生态农业第一村”。农业观光园占地面积13万m^2，园内有新型日光温室31栋、全自动连栋式大棚1栋，为有机食品生产基地，所产蔬菜全部是施用有机肥、不喷洒农药的有机蔬菜。留民营生态农场是京郊农村最早跨入吨粮村和亿元村行列的农村之一。如今的留民营生态农场已经形成了以沼气为中心的农，林，牧，副，渔的生态系统。推动了以沼气为中心的“绿甜旅游”的加快发展。

建有生态农业区、无公害有机蔬菜高科技示范区、无污染旅游制品工业区、国际生态农业学术研究培训中心、沼气太阳能综合应用示范区、民俗旅游观光区、北京娃娃农庄、北京青少年绿色文明素质教育基地、全国蒲公英农村儿童文化园、国际生态学术研究培训中心、生态庄园旅游度假村、动物园和宾馆、影剧院、庄园酒楼、健身娱乐中心等设施。留民营生态农场是北京首批农业观光游示范点。位于大兴区长子营镇。留民营村于1986年10月被联合国环境规划署正式承认为“中国生态农业第一村”。农业观光园占地面积13万m^2，园内有新型日光温室31栋、全自动连栋式大棚1栋，为有机食品生产基地，所产蔬菜全部是施用有机肥、不喷洒农药的有机蔬菜。

四、园区发展模式

园区发展模式是以农业经济产业园区为基地，在园区范围内，建立产业共生的联合体，延伸生产链条，实现价值增值。以产业化经营为纽带，以企业为组织方式，通过单个企业（农户），或企业之间的农产品生产—产品深加工—副产品综合利用与资源化处理，将园区内各个经营主体融合为一体。

杭州蓝天生态循环农业园：五大功能区循环生产。

蓝天生态农业园位于杭州西部余杭径山，创建于2000年6月，蓝天生态农业园围绕猪场废弃物污染生态化处理和资源化利用，确立了循环经济生态发展战略，形成了“猪—蚯蚓—鳖—稻/草—梨/茶—羊”的新型农业循环经济模式，在园区内逐步发展了蚯蚓养殖、生态鳖养殖、湖羊养殖、水稻/牧草/黄花梨/大棚蔬菜种植及周边山地茶叶种植的农业产业结构。实现“资源—产品—再生资源”的良性循环，在社会、经济、生态建设方面取得了较大成绩，现已成为杭州市重点农业龙头企业，余杭区规模最大的养殖型龙头企业，并通过国家级循环经济标准化试点，成为全国第一家通过循环经济标准化试点项目的企业。

在蓝天生态农业园的五大功能区中，人们可以看到，春末至秋末，猪场粪污经干湿分离后，猪粪熟化送到大棚养蚯蚓。蚯蚓用作生态鳖基地的饵料，污水经生化处理后，作为水稻田肥水。秋末至春末，猪场粪污水经干湿分离后，熟化干粪到茶园、梨园施冬春肥，污水厌氧酸化处理后牧草田种墨西哥黑麦草，种草养羊。在生态鳖基地也形成生态小循环：用蚯蚓和专用鳖饲料喂甲鱼，甲鱼排泄物给水中鳙鱼吃，鳙鱼排泄物给塘底层螺蛳吃，螺蛳作为水中清道夫，净化有机物生成小螺蛳再给甲鱼当饵料，甲鱼干塘起捕池塘底泥又给堤坝上的梨树作有机肥。

种猪养殖区。占地7.3hm²，年出栏种猪5 000头、商品肉猪15 000头规模。养殖场采用清洁生产技术，实施“清污分流、雨污分流、干湿分置”，对猪粪和污水实行干湿分离，猪粪被送入的猪粪熟化池与秸秆混合发酵，腐熟后用于蝇蛆和蚯蚓养殖，产出的生物成体作为生态鳖饲料利用，残余的固体渣作为高档有机肥用作园区蔬菜基地和湖羊场饲料牧草地的底肥。猪场污水首先进入集水井，然后泵入水力筛网进行固液分离，进一步去除污水中的悬浮物质，粪渣混入猪粪中综合利用。污水自流进入水解酸化池，酸化池出水自流进入厌氧塘，为充分实现养殖污水的资源化利用，首先考虑将厌氧塘出水引出用于牧草地（黑麦草、墨西哥玉米轮种）的浇灌，产出的牧草作为湖羊原种场的青饲料。或经提升至周边山坡原有水塔用于山坡茶园灌溉利用。并配备“上有顶、下有底”的干粪贮存发酵池，防止二次污染。

蚯蚓养殖场。2002年投资60万元建成蚯蚓养殖塑料大棚（蚓反应器）1.2万m²，改变猪粪未经无害化处理直接外运农田利用和鱼塘养鱼的历史状况，提高猪粪利用附加值，年利用鲜猪粪2 000t，农作物秸秆220t，产蚯蚓活体39t，蚓粪有机肥产量975t，年创经济效益60.5万元。蚯蚓用于配置甲鱼饲料，蚓粪作为高档有机肥利用。以蚓制粪的技术，不仅有效地解决了猪粪处理难的问题，而且不同条件的场可以根据实际情况确定蚯蚓养殖面积，灵活性大，投资成本低，效益丰厚。

生态鳖养殖区。公司开挖生态鳖标准养殖塘229个，用蚯蚓饲喂甲鱼，不仅替代了部分甲鱼饲料，降低了养殖成本，而且还有利于提高甲鱼的诱食率，提高甲鱼的免疫水平，促进甲鱼生长；并自主创新采取“鳖—鱼—螺丝”分层混养生态技术、微生态制剂调控水质技术、“水位控制”技术和“稚鳖分级饲养技术”，实现了增产增效、削减饲料消耗和防疫药物使用的目标。公司外塘全生态的养殖方式，使鳖产品相继通过“无公害”“绿色”和“有机”农产品认证。

农产品种植区。总占地$80hm^2$，含蜜梨园、水稻田、蔬菜地，四季轮作，每年春末至秋末种植水稻，秋末至次年春末种植黑麦草作湖羊饲料，使用猪场有机肥，可年产优质水稻和草料。部分厌氧沼液和猪粪有机肥通过田间沟渠和人工运输得到资源化利用。

湖羊养殖区。羊场占地$2hm^2$，配套青饲料基地$4hm^2$，一年四季种植黑麦草、墨西哥玉米、苏丹草等牧草，年产湖羊种羊2 000头、商品羊3 000头。

五、循环型社会模式

循环型社会模式是在一定的区域范围内，把生产发展和生产消费有机整合，在农业生产过程中，种植业、养殖业、加工业通过产业化经营形成统一的网状产业链条。充分发挥农业的生产功能，做到物尽其用。在农产品流通环节，实行清洁流通，达到物畅其流；在生活环节，实现节约消费和清洁生活，发挥农业多功能性，最终实现区域内农业生产与生活的有机统一。

以广西贵糖股份公司生态产业园区为例。

（一）公司基本情况

广西贵糖股份有限公司，简称（贵糖），地处广西壮族自治区东南的贵港市城西，坐落于西江之滨，毗邻黎湛铁路干线和国道324线。西江是大西南地区入海港口的黄金水道。广西贵糖（集团）股份有限公司由广西贵港甘蔗化工厂独家发起定向募集改组创立。其前身是广西贵县糖厂，于1956年建成投产。1994年完成股份制改造，组建成定向募集的广西贵糖（集团）股份有限公司。1998年11月11日贵糖股票在深圳证交所成功上市。

贵糖公司占地面积1.5km^2，现有在册员工约5 200人。经过40多年的建设，目前贵糖拥有日榨万吨的制糖厂、大型的造纸厂和酒精厂、轻质碳酸钙厂。1998年，贵糖“桂花”牌白砂糖通过ISO9001国际质量体系认证。主要产品生产能力：年产白砂糖13万t、加工原糖30万t、机制纸10万t、甘蔗渣制浆9万t、酒精1万t、轻质碳酸钙2.5万t、回收烧碱2万t。

2001年开始，贵糖实施国家批准立项的以贵糖集团为核心的“国家生态工业（制糖）建设示范园区——贵港）”的建设，这是我国以大型企业为龙头的第一个生态工业园区建设规划。贵糖实现了工业污染防治由末端治理向生产全过程控制的转变，经过多年的发展贵糖形成了制糖循环经济的雏形，建成了制糖、造纸、酒精、轻质碳酸钙的循环经济体系，制糖生产产生的蔗渣、废糖蜜、滤泥等废弃物经过处理后全部实现了循环利用，生产废弃物利用率为100%，综合利用产品的产值已经大大超过主业蔗糖。拥有多项具有国内领先水平的环保自主知识产权。这种循环经济的生产模式，创造了巨大的经济和生态效益。2005年11月，贵糖被列为全国首批循环经济试点单位。

（二）循环农业模式

1. 生态链包括内容

（1）蔗田向园区提供甘蔗，保障园区原料供应。

（2）制糖系统生产各种糖产品。

（3）酒精系统利用废糖蜜生产酒精和酵母精。

（4）造纸系统利用蔗渣生产纸张。

（5）环境综合处理系统为园区内制造系统提供环境服务，包括废气、废水处理，生产水泥及复合肥等。5 个系统通过废弃物和能源的交换，既节约了废物处理及能源成本，又减少了对空气、地下水及土地的污染。

2. 物质循环利用

制糖废弃物综合利用率 100%，一年创造产值超过 6 亿元，占企业总产值的 68%，已超过制糖本身的产值。每年利用废甘蔗渣 55 万 t 造纸，产纸约 16 万 t。按 1t 蔗渣代替 0.8m^3 木材计算，每年节约原木资源 44 万 m^3，即少砍伐 2.93 万 hm^2 森林。节能减排更是显著。例如，在 2005—2006 年榨季，吨糖综合能耗为 368kg 标准煤，下降 1.6%；取水 24m^3，下降 50%，重复利用率 74%；SO_2 排放减少 780t，烟尘减少 17%；COD 减少 53%。

为使自己旗下的工业共生体更为完善，真正成为能源、水和材料流动的闭环系统，贵糖集团自 2000 年以后又逐步引入了以下产业：以干甘蔗叶作为饲料的肉牛和奶牛场、鲜奶场、牛制品场以及牛制品副产品生化厂；利用乳牛场的肥料发展蘑菇种植厂；利用蘑菇基地的剩余物作为甘蔗场的天然肥料，弥补了其生态产业链条上的缺口，真正实现了资源的充分利用和环境污染的最小化。

最近，贵糖利用碱回收生产过程中的废物白泥作为热电厂锅炉烟气脱硫剂，不仅使锅炉烟气达标排放，而且解决了白泥外运、外堆污染环境问题。可使年减少 SO_2 排放 4 500t。在制糖业循环经济中，没有废物的概念，只有资源的概念。

六、其他类型模式

以江苏赣榆海洋经济开发区循环农业模式为例。

（一）开发区基本现状

江苏省赣榆海洋经济开发区是2003年1月经江苏省人民政府批准设立的省级开发区，为全省首家成立的以海洋产业为主的开发区，也是连云港市唯一一家海洋经济开发区。海洋开发区管委会目前内设办公室、经济和社会发展局、招商局、国土规划建设局、财税局五个副科级职能机构。实行单列一级财政体制。

开发区规划范围为东临黄海，西接204国道，北至兴庄河，南抵青口河，总面积158km^2，其中陆地面积28km^2，批准启动区面积2km^2。

（二）发展现状

赣榆县在推进农业现代化工程中，紧紧围绕生态农业做文章，充分开发利用自然资源，推动生态农业经济做大做强。到2003年9月上旬，全县建立规模化养殖小区46个，发展沼气池1 633个，建成有机食品生产基地333.3hm^2，无公害基地2 700hm^2，建科技示范园12个，建生态桑园600hm^2，农业循环经济发展势头迅猛。该县工商部门指导县内龙头企业和农民专业合作社走循环利用资源发展之路，形成了“金五公司+无公害地瓜基地+沼气”“金韩公司+10万头无公害生猪基地+沼气”等循环型发展模式，通过“沼气池接口工程”，把种植、养殖和加工连接起来，形成“闭环式生态链”。目前，该县已有近5万余户农民加入循环发展模式，人均年收入超2万元，增收幅度十分可观。

（三）创新发展模式促进产业升级

榆县不断创新农业发展模式，推动现代农业向规模化、园区化、产业化、科技化方向发展。坚持用工业化、园区化、合作化的理念抓农业，着力推进高效设施农业园区建设，以园区建设为示范带动，推动现代农业提质扩面。该县设立了3 000万元高效设施农业发展专项基金。目前，该县已形成了四季田园现代农业园区、海州湾现代渔业园区、夹谷山休闲观光农业园区、青口黄海高滩养殖园区待等四大农业园区。其中，海州湾现代渔业园区创建成为省级园区，四季田园现代农业园区沙河雅仕农场现代化程度全省领先，墩尚泥鳅园通过国家良好农业规范和省农产品出口质量安全示范区双重认证；罗阳耐盐碱苗木园生物科技研发中心投入使用。全县设施蔬菜、梭子蟹、泥鳅等六大高效农业产业产值占农业总产值60%以上，培育蔬菜、泥鳅、海产品养殖加工3个10亿元产业。“四季田园”现代农业示范区，放眼望去，一座座现代温室大棚连绵不绝，一方方高效养殖水面紧密相连，一片片耐盐碱苗木美不胜收。该示范区总面积92km^2，下辖蔬菜产业园、泥鳅产业园和耐盐苗木园，逐步发展成为兼具生态、科技、农业观光为一体的现代化农业示范区。据了解，泥鳅产业产业园已带动泥鳅养殖、捕捞、收购、贩运、出口及饲料生产、销售等相关行业，仅墩尚镇及周边从业人员就达2万余人，泥鳅养殖面积达2 333hm^2，是亚洲最大泥鳅养殖区，小小泥鳅已成长为13亿元的大产业。现代农业园区基本实现镇级全覆盖，并拥有两个省级园区，初获省高效设施农业发展先进县。

以“突破高效设施农业”为重点，着力形成农业提升、农村繁荣、农民富裕的“三农”发展格局。市委常委、赣榆县委书记王加培提出：“加快推进农业现代化，要求我们用工业的理念谋划农业，用工业的技术装备农业，用工业的方法管理农业，实现新型工业化与农业现代化的有机结合。”循着这一思路，全县掀起新一轮农业招商开发热潮。

第四节　循环农业发展模式的构建

一、循环农业发展模式构建的理论依据

其理论主要依据农业系统内部各产业以及第一产业与第二产业和第三产业之间的投入与产出分析（李吉进，2010）。

二、我国不同地区循环农业发展模式实例

（一）河北省邱县着力打造循环农业产业链

河北省邱县着力打造4条循环农业产业链，走出了一条农业县经济发展的新路子。一是依托棉花资源优势，着力打造“棉花—棉纺—秸秆热电”生产链，壮大发展了一批棉花精深加工企业，形成了集轧棉、纺纱、织布、印染、服装加工为一体的棉花精深加工产业链条。二是形成了“棉子—短绒—棉浆粕”的生产链，生产出的重要化工原料——棉浆粕，广泛应用于建筑、纺织、印染、玻璃纸、化工、食品等领域。三是依托林业优势和产业龙头，打造“基地林—林下种养—畜禽粪便返田”生态链，目前，已发展林下经济2 000hm^2，在促农增收的同时，畜禽粪便每年可替代化肥近7 000t，形成了完整的生态链。四是形成“养殖—沼气—农业”生态链。依托这一产业建设的河北康远食品有限公司，是省级重点农业产业化龙头企业，羊肉制品出口量位居全国前3名。近期，投资5亿元的邱县康远公司禽类加工产业化项目已经开工建设，项目建成后，该企业将成为全国最大的清真禽类加工出口基地，为全县养殖业发展奠定了雄厚基础。

（二）阜阳构建循环农业产业链

阜阳市是传统的农业大市，人多地少，经济增长与资源环境的矛盾较为尖锐。近年来，这个市在推行循环经济理念指导农业

生产方面，因地制宜，做了一些有益的尝试。临泉县当选为“中国十大民间环保杰出人物”的长官镇农民王守红，创造了“牛—菌—沼—肥”和“林—草—牧—菌—肥”农业循环经济模式，并已在各乡镇广泛推广。

颍上县借助丰富的水资源优势，探索出“农—猪—渔—肥”的循环经济模式。荣获联合国环境署“全球500佳”提名的颍上县八里河，因地制宜，对荒湖洼地进行了连片综合开发，大力发展渔业养殖。按照“每户一口塘，一家三间房，西边是猪舍，东边是厨房”的模式，塘口上种植青饲料养家禽，禽粪便喂猪，猪粪喂鱼，塘泥还田。此外，该镇还利用鱼塘养藕、养鸭，形成了“农—渔—禽—藕”的循环经济模式。

阜南县为提高农业综合效益，改善生态环境，大力发展食用菌和沼气事业，以此为依托和纽带推进农业循环经济。目前，该县已建成高标准食用菌基地20多片，全县147hm^2双孢菇每年可利用4 400hm^2的麦秸和2.2万头牛的牛粪。

循环经济的发展，使阜阳农村形成了新的经济增长点。一是增加了农民收入，促进了经济发展。临泉长官镇年出栏黄牛近3万头，销售黄牛及牛粪收入9 000多万元；双孢菇年出售800t，销售收入近3 000万元。颍上县八里河镇过去是荒滩洼地，如今是境美鱼肥，人均年收入已达近万元。二是节约了资源，改善了生态环境。循环经济有效地利用了农业废弃物等，促进了畜牧业的发展、农村能源结构的改变，减少了化肥、农药的使用量。

（三）杨凌示范区生态农业产业链总体框架设计（鲁向平，2011）

以服务于杨凌农业高新技术产业示范区现有主导产业为目的，构建杨凌示范区生态农业产品链和废物链。杨凌示范区生态农业系统由种植业和养殖业组成。该系统通过光合作用吸收太阳能，接受外部投入如种子、化肥、农药、水等，其产品作为工业生产的原料，同时，在生产和加工过程中产生的农业废物又作为饲料、肥料等重新返回系统，构成系统的闭路循环。在系统内部，种植业和养殖业之间同样构成产品链和废物链，种植业为养殖业提供食物原料，养殖业产生的废物如粪便等又可返回为种植业提供养分。

根据杨凌农业高新技术产业示范区自然和资源条件，生态农业由粮、菜、饲和种、果、苗为主的种植业和以牛、羊、猪等牲畜为主的养殖业两大系统组成。各生产系统之间相互促进、互惠互利，形成农业产前、产中、产后三领域一体化和一条完整的生态农业产业链。合理调整示范区农业产业结构，建立“种、养、加、销”模式，使种植业、养殖业、加工业联合成一个整体，创造市场，统一销售，使杨凌示范区农业整体功能得到发挥，形成种、养、加、销各产业间相互促进，因地制宜安排产业结构和生产布局，形成“以农养畜，以畜带工，以工保经，以经促农”的良性互动循环。

1. 总体框架的设计

以循环经济系统规划和设计的原则为指导，立足于杨凌农业高新技术产业示范区自然、经济和社会发展现状，以杨凌农业高新技术产业示范区为依托，基于循环经济基本理论、系统工程原理和方法，规划和设计以土地资源为基础，以太阳能为动力，以沼气生态能源工程为核心，集种植、养殖和生物质能源再生为一体，沼气、生物、有机肥料、饲料相结合，生产、生活废物资源高效转化和循环利用的复合生态系统工程。

2. 强化系统的功能与特点

该循环经济系统通过能流物流的集成和优化途径将生产、消费、还原再生过程相互链接，从而构成一个物质闭合循环、能源再生和价值增值的网络型复合生态经济系统。其功能特点主要表现为物质闭合循环、能量梯级利用和再生，充分体现 3R 原则，即使用来自沼气生态工程系统输出的沼渣、沼液等有机肥料，减少了农业生产中各种外源物质的投入，如化肥、农药、杀虫剂等，从而减轻了环境面源污染；使用沼气生物质能源，减少了生活消费系统中煤炭、薪柴等能源物质的输入，减少了污染气体排放。生产物资、设备回收利用，实现了再利用。作物秸秆转化为饲料、有机肥料，生产、生活消费后产物转化为生物质能源-沼气，和有机肥料-沼渣、沼液，从而实现了物质循环利用。

3. 高度重视多样化物质转化和循环利用模式

主要通过生态链实现物质转化和循环利用。

（1）种植系统（初级生产者）→蔬菜加工系统（次级生产者）→社会消费系统（消费者）→沼气生态工程（还原者）→种植系统（生产者）。

大气、水体和土壤等环境中的各种营养物质通过种植系统中绿色植物的吸收，形成了可直接消费的初级产品，或经一系列深加工过程后通过市场进入社会消费系统，如粮食、水果、蔬菜等。消费后的产物作为沼气生态工程系统的原料输入，形成了对环境无害的沼气、沼渣和沼液，沼渣、沼液可作为有机肥料直接返回到种植系统。这样，来自农田生态环境中的物质经过一系列的转化过程，实现了从“源→源”的闭路循环。

（2）种植系统（初级生产者）→饲料加工系统（次级生产者）→畜牧养殖系统（次级生产者）→乳品加工系统（次级生产者）→社会消费系统（消费者）→沼气生态工程（还原者）→种植系统（生产者）

种植系统为畜牧养殖系统提供饲草料，经加工后的饲草料通过牲畜消化、吸收、转化，形成肉、蛋、奶等次级产品，经过食品加工、储运最终进入社会消费系统。人的排泄物作为沼气生态能源系统的输入，通过沼气生态工程形成了对环境无害的沼气、沼渣液，后者作为有机肥料直接返回到农田生态系统。

(3) 种植系统→沼气生态工程系统→种植系统。种植系统的副产品（废弃物）作为沼气生态工程系统的原料，沼气生态工程系统产生的沼渣、沼液作为有机肥料返回到种植系统。

种植系统→饲料加工系统→畜牧养殖系统→种植系统。

种植系统为畜牧养殖系统提供饲草料，饲草料经牲畜消化后的排泄物，经堆沤后作为肥料直接进入种植系统。

(4) 种植系统→饲料加工系统→畜牧养殖系统→沼气生态工程系统→畜牧养殖系统。

畜牧养殖系统产生的牲畜排泄物直接进入沼气生态工程系统，经转化后产生沼渣、沼气、沼液。沼渣经加工处理后可作为牲畜饲料。

(5) 能量流动和能源再生。一般而言，生态系统中的能量源自太阳能，绿色植物通过光合作用把太阳能固定在植物体内，形成食物潜能。以食物为载体，能量在生物之间或系统之间进行传递和转化。能量流动的单向性决定了其在生物之间传递和转化时，除部分能量用于合成新的组织而作为潜能保存下来外，其余大部分能量转化为热而消散掉。

以沼气为核心的循环经济系统中，绿色作物以土地、大气环境为基础，以太阳能为动力，利用植物体中的叶绿素通过光合作用将太阳能固定在粮食、蔬果等食物中。

能量伴随食物产品从种植系统流入社会消费系统，部分能量伴随消费后的产物进入沼气生态工程系统之中，经过发酵过程转化再生为生物质能源—沼气；或从种植系统流入畜牧养殖系统，再进入社会消费系统，最后进入沼气生态工程，转化再生为生物质能源—沼气。

能量流动和能源再生的另外两条途径是：以秸秆有机物质直接进入沼气生态工程系统，经发酵生成生物质能源沼气；以饲草料方式进入畜牧养殖系统，经动物消化、转化后，排泄物直接进入沼气生态工程系统，转化为生物质能源-沼气。

三、循环农业发展模式构建中需要注意的若干问题

（一）循环农业的均衡发展

针对循环农业发展现状，主要从以下 3 个层面推进循环农业均衡发展。

1. 农业资源的区域循环

在发展循环农业时，采取有效的措施，促进农业各系统形成跨区域的资源分层利用关系，从而可使各系统之间通过产品、中间产物和废弃物的交换、利用而相互衔接，形成一个比较完整的产业网络，使资源得到最佳配置，废弃物得到有效利用、环境污染减少到最小水平。

2. 农业资源的系统内循环

循环农业构成一个闭合循环，实现物质闭路循环、能量分级利用，把一种产品生产过程中产生的废弃物，变成另一种产品生产的原料，实现物尽其用。

3. 农业资源的微循环

主要是建立和推广生态型家庭经济。其典型模式就是以生物食物链为平台，组建种植—养殖—加工—沼气循环农业模式，解决秸秆气化、环境美化的目的。

（二）合理规划和统筹安排

实现农业资源不同层次上的循环，大多是通过沼气这个纽带把种植业和养殖业链接在一起，客观上要求在一定的区域范围内来实现，因此，需要合理规划、统筹安排。如以作物秸秆为饲料发展草食动物，就要考虑作物秸秆、沼渣、沼液的运输，沼气管道的输送半径、还要考虑作物秸秆生产量以及沼渣和沼液的吸纳量、畜禽养殖时的环境容纳量等问题。

（三）强化农民环保意识和参与能力

发展循环农业需要提高广大农民的环保意识和参与能力，倡导绿色文明的生活方式，树立绿色环保理念，坚持从农村、农民的实际出发，因地制宜开展形式多样的宣传教育，采取灵活多样、通俗易懂、农民喜闻乐见的形式，充分利用广播、电影、电视、图书、报刊、幻灯、网络等各种载体，采用专访、系列报道、专题片、培训以及文艺表演等形式，广泛宣传和普及农村环境保护知识，大力宣传农村生态恶化对农民生存环境的危害和加强农村生态环境保护的重要性、紧迫性，着重宣传有关节水、节电、节肥、节药的生态农业实用的环保科普知识，围绕打造绿色食品供应基地，向农民宣传绿色食品知识，大力宣传生态农业，努力优化农业产业结构，引导农民发展绿色高效农业，促进农业增效、农民增收。积极引导广大农民群众自觉培养健康文明的生产、生活、消费方式，培养良好的生活习惯，动员广大农民自觉参与环境保护，从自身做起，自觉地维护、建设良好的农村环境，形成农村生态环境保护的整体氛围。

特别是在社会主义新农村、新型社区建设过程中，一定要规划好生活垃圾的收集、分类、无害化处理和资源化，对于生活垃圾可以加工生产有机肥、生物肥料，用于生产无公害和有机蔬菜等，把生活污水设计有收集系统，根据实际情况，可以利用湿地、人工湿地、氧化塘、土地处理系统进行净化处理，再资源化，用于绿化用水和洗车等。这些都需要农民的参与，不仅让农民住进楼房，农民综合素质也要上台阶，美丽乡村和美丽的社区才能建成。

参考文献

[1] 陈德敏，王文献. 循环农业：中国未来农业的发展模式. 经济师，2002（11）：8－9.

[2] 陈红兵，卢进登，赵丽娅，等. 循环农业的由来及发展现状［J］. 中国农业资源与区划，2007，28（6）：65－69.

[3] 陈英旭，等. 土壤重金属的植物污染化学［M］. 北京：科学出版社，2008.

[4] 陈玉成. 污染环境生物修复工程［M］. 北京：化学工业出版社，2003.

[5] 郭铁民，王永龙. 福建发展循环农业的战略规划思路与模式选择. 福建论坛（人文社会科学版），2004（11）：83－87.

[6] 赫荣臻. 农业生态学与农作制研究［J］. 陆地生态译报，1987（4）：22－27.

[7] 黄国勤，赵其国，龚绍琳，等. 高效生态农业概述［J］. 农学学报，2011，1（9）：23－33.

[8] 李吉进. 环境友好型农业模式与技术［M］. 北京：化学工业出版社，2010.

[9] 李金才，邱建军，任天志，等. 北方“四位一体”生态农业模式功能与效益分析研究［J］. 中国农业资源与区划，2009，30（3）：46－50.

[10] 李文华，刘某承，闵庆文. 中国生态农业的发展与展望［J］. 资源科学，2010，32（6）：1 015－1 021.

[11] 联合国开发计划署、联合国环境规划署、世界银行、世界

资源研究所．世界资源报告（2000—2001）［M］．北京：中国环境科学出版社．

［12］刘昌明，何希吾编著．中国21世纪水问题方略［M］．北京：科学出版社，2001.

［13］刘达华．略论旅游农业［J］．特区经济，1989（6）：28.

［14］刘敏．结合我国实际大力发展无公害农业［J］．贵州农机，2007（6）：29－31.

［15］刘秀艳，王丽静．再论中国生态农业的内涵及特征［J］．中国市场，2008（1）：108－109.

［16］刘巽浩．水是我国可持续发展的战略重点［N］．科技日报，1998.11.09.

［17］刘巽浩．对黄淮海平原杨上粮下现象的思考［M］．作物杂志，2005（6）：1－3.

［18］刘巽浩，高旺盛，朱文珊．秸秆还田的机理与技术模式［M］．北京：中国农业出版社，2000.

［19］刘营军，于永献，高贤伟．生态旅游农业的特点及其发展趋势．农业经济问题．1998（2）：53－55.

［20］鲁可荣，朱启臻．对农业性质和功能的重新认识［J］．华南农业大学学报（社会科学版），2011，10（1）19－24.

［21］路透社．与其扩大耕地，不如集约种植［N］．参考消息，1996.03.16（4）.

［22］路透社．农业集约化是粮食增产的唯一途径［N］．参考消息，1998.11.11（4）.

［23］鲁向平．杨凌示范区生态农业产业链总体框架设计．［EB/OL］，2011.11.29. http：//blog.sina.com.cn/s/blog_604e0a380102dxqx.html.

［24］骆世明，陈聿华，严斧编著．农业生态学［M］．长沙：湖南科学技术出版社，1987.

[25] 骆永明，等. 城郊农田土壤复合污染与修复研究［M］. 北京：科学出版社，2012.

[26] 骆永明，等. 重金属污染土壤的香薷植物修复研究［M］. 北京：科学出版社，2012.

[27] 毛景英. 河南省小麦更新换代的演变情.［EB/OL］，2012. 07. 03.

[28] 南方红壤退化机制与防治措施研究专题组编著. 中国红壤退化机制与防治［M］. 北京：中国农业出版社，1999.

[29] 乔玉辉. 污染生态学［M］. 北京：化学工业出版社，20037.

[30] 沈亨理. 农业生态学［M］. 北京：中国农业出版社，1995.

[31] 沈善敏. 中国土壤肥力［M］. 北京：中国农业出版社，1998.

[32] 孙鸿良. 我国生态农业主要种植模式及其持续发展的生态学原理［J］. 生态农业研究，1996，4（1）：15－22.

[33] 孙鸿良，韩纯儒，张壬午. 论中国生态农业的特点原理及其主要技术［J］. 农业现代化研究，1990，11（3）：3－8.

[34] 宋家永. 河南小麦品种演变分析［J］. 中国种业，2008（6）：12－14.

[35] 佟屏亚. 论高产高效吨粮田开发的理论与实践［J］. 农牧情报研究，1992（5）：1－10.

[36] 佟屏亚. 中国的高产农业及其可持续发展［J］. 作物杂志，1997（4）：12－15.

[37] 佟屏亚，易维希. 吨粮田开发的理论与技术［M］. 北京：中国农业科学技术出版社，1993.

[38] 王继权. 发展观光农业旅游应注意的几个问题［J］. 生态经济，2001（1）：43－45.

[39] 王树安．中国吨粮田建设——全国吨粮田定位建档追踪研究［M］．北京：中国农业大学出版社，1994.
[40] 吴大付，胡国安主编．有机农业［M］．北京：中国农业科学技术出版社，2007.
[41] 吴大付，朱统泉，崔苗青等主编．中国农业集约化实证研究［M］．北京：中国农业科学技术出版社，2008.
[42] 吴大付，姚素梅，关中山等主编．中国农业集约化与持续化［M］．西安：西安地图出版社，2009.
[43] 吴大付，朱统泉，张建立等主编．氮肥与中国粮食安全［M］．西安：西安地图出版社，2012.
[44] 奚振邦编著．现代化学肥料学［M］．北京：中国农业出版社，2003.
[45] 谢建昌主编．钾与中国农业［M］．南京：河海大学出版社，2000.
[46] 熊毅，李庆奎．中国土壤（第二版）［M］．北京：科学出版社，1987.
[47] 杨持．生态学（第二版）［M］．北京：高等教育出版社，2008.
[48] 杨洪强主编．无公害农业［M］．北京：科学出版社，2009.
[49] 杨怀森，宋留轩，杨毅敏．试论多维用地［A］.
[50] 邹超亚主编．中国高功能高效益耕作制度研究进展［C］．贵阳：贵州科技出版社，1990.
[51] 尹昌斌，周颖．循环农业发展理论与模式［M］．北京：中国农业出版社，2008.
[52] 应瑞瑶，褚保金．“旅游农业”及其相关概念辨析［J］．社会学家，2002，17（5）：31－33.
[53] 张培栋，潘效仁，孟维国，等．北方“四位一体”生态农

业模式的系统思考［J］．农业系统科学与综合研究，2001，17（3）：164－166，170.

［54］张维理，田哲旭，张宁，等．我国北方农用氮肥造成地下水硝酸盐污染的调查［J］．植物营养与肥料学报，1995，1（2）：80－87.

［55］张秀省，戴明勋，张复君编著．无公害农产品标准化生产［M］．北京：中国农业科学技术出版社，2002.

［56］张莹，何佳梅．海内外旅游农业发展比较研究［J］．山东省农业管理干部学院学报，2005，21（6）：53－55.

［57］中国农业现代化建设理论、道路与模式研究组．中国农业现代化建设理论、道路与模式［M］．济南：山东科学技术出版社，1996.

［58］周鸿．人类生态学［M］．北京：高等教育出版社，2001.

［59］周新保．河南小麦更新及发展［M］．种子世界，2005（5）：12－14.

［60］周振峰，王军，周燕，等．关于发展循环型农业的思考．农业现代化研究，2004，25（5）：348－351.

［61］左强，李品芳．农业水资源利用与管理［M］．北京：高等教育出版社，2003.